人工智能

简明知识读本

RENGONG ZHINENG JIANMING ZHISHI DUBEN

本书编写组◎编

新华出版社

图书在版编目（CIP）数据

人工智能简明知识读本/《人工智能简明知识读本》编写组编
北京：新华出版社，2017.10（2025.2重印）
ISBN 978-7-5166-3514-8
Ⅰ.①人… Ⅱ.①人… Ⅲ.①人工智能—基本知识 Ⅳ.①TP18
中国版本图书馆 CIP 数据核字（2017）第 236008 号

人工智能简明知识读本

选题策划： 要力石　许　新　**责任编辑：** 唐波勇
封面设计： 刘宝龙　**责任印制：** 廖成华

出版发行： 新华出版社
地　　址： 北京石景山区京原路 8 号　**邮　　编：** 100040
网　　址： http：//www.xinhuapub.com　http：//press.xinhuanet.com
经　　销： 新华书店
购书热线： 010-63077122　**中国新闻书店购书热线：** 010-63072012

照　　排： 新华出版社照排中心
印　　刷： 大厂回族自治县众邦印务有限公司

成品尺寸： 160mm×230mm　**印　　张：** 12.5
字　　数： 150 千字　**版　　次：** 2017 年 11 月第一版
印　　次： 2025 年 2 月北京第四次印刷

书　　号： ISBN 978-7-5166-3514-8
定　　价： 29.00 元

图书如有印装问题，请与出版社联系调换：010-63077101

目 录

引　言

大智能时代的关键之举

——五问AI国家战略

如同工业时代的蒸汽机和信息时代的互联网，人工智能（AI）在“大智慧”时代扮演着越来越重要的角色。新一代人工智能技术的发展，正颠覆你我的生活，深刻改变世界。

我国首部国家级人工智能发展规划——《新一代人工智能发展规划》近日出台，将新一代人工智能发展提高到国家战略层面。

如何描绘人工智能发展的新蓝图？中国怎样建设世界人工智能创新中心？如何让人工智能“扬其所长，避其所短”，为人类造福？

蕴含科技创新的“因子”、破解时代前进的“密码”，本书将为您独家勾勒“大智能”时代的AI图景。

新一代人工智能有多火

人工智能到底有多火？

2016年全球科技巨头人工智能投资已达300亿美元！2015至2016年，人工智能的媒体关注度暴涨632%！2017年上半年在此基础上再长45%……重视人工智能已经成为全球的共识。

什么是人工智能？人类会被机器取代吗？当新事物扑面而来，

人们内心总是会充满迷茫与不安。

“随着互联网、大数据、超级计算、传感器等技术的加速突破和广泛应用，人工智能发展进入新阶段，这一阶段呈现出深度学习、跨界融合、人机协同、群智开放和自主操控等新特征。”科技部部长万钢说。

在中国工程院院士潘云鹤看来，中国人工智能正进入升级时代。未来，人工智能与人的智能相结合，在各自擅长的领域发挥作用，能介入的产业规模非常巨大。

科技界和产业界普遍认为，新一代人工智能技术，会带来颠覆性的影响，具有多学科的综合、高度复杂的特性，它将引发科学技术产生“链式”的突破，带动“面上”的发展，帮助各领域创新能力快速跃升。

连珠的妙语、闪烁的字幕……通过智能语音识别技术，演讲者的内容能够实时以中英文在大屏幕上呈现出来，反应迅速、几乎没错。科大讯飞开启了一场“以语音和语言为入口的‘认知革命’。”过去6年中，他们的语音识别技术准确率从60.2%提升到95%以上。

“人工智能的关键是把复杂的世界简单化。”百度公司董事长兼首席执行官李彦宏表示，未来30至50年，人工智能将成为推动人类历史进步的最大动力。

未来中国AI有多强

人工智能是新一轮科技革命和产业变革的核心驱动力，世界各国纷纷抢滩布局。

力争到2030年实现把我国建设成为世界主要人工智能创新中心的“新目标”——这份具有里程碑意义的《规划》对中国人工智能发展进行了战略性部署，描绘了我国新一代人工智能发展的蓝图，提出“三步走”的目标，明确以提升新一代人工智能科技创新能力为主攻方向，以加快人工智能与经济社会国防深度融合为主线。

“规划的发布是我国科技发展史上的一件大事。这份我国在人工智能领域的首份战略规划，重点对2030年前我国新一代人工智能发展的总体思路、战略目标、主要任务和保障措施进行了系统部署。”科技部副部长李萌说。

以人工智能技术突破带动国家创新能力全面提升，为我国未来经济繁荣创造一个新的增长周期。李萌认为，中国人工智能的发展，不仅支撑中国经济社会转型发展，也能为世界人工智能发展作出贡献。

语音识别、机器视觉、机器翻译领域全球领先；人工智能创新创业非常活跃，影响力不断增强，我国在人工智能多个领域取得一系列突破。

“应该清醒看到，与发达国家相比我们仍有短板。研发上，基础理论、核心算法、高端芯片等方面原始创新成果还比较少；产业生态上，还没有形成有国际影响力的生态圈和产业链。”潘云鹤表示，希望通过加强人工智能技术的研究和应用，来加速我国建设世界科技强国的进程。

有 AI 的世界怎么变

人工智能有多强？它就像传说中“别人家的小孩”一样：记性比你好、算算术比你快、体力还比你强……

人工智能，这一火爆的词汇其实诞生至今已有 60 多年，正在互联网和大数据的联合推动下深刻改变人类生活。

“作为新一轮科技革命和产业变革的核心驱动力，新一代人工智能也将改变世界，推动经济社会各领域从数字化、网络化向智能化加速跃升。”中国工程院院士李伯虎说。

大数据驱动知识学习、跨媒体协同处理、人机协同增强智能、群体集成智能、自主智能系统成为人工智能的发展重点，受脑科学成果启发的类脑智能蓄势待发，人工智能发展进入新阶段。

“今天的人工智能，往往流于让机器模仿人，让机器去做人做的事。这是对‘智能’的肤浅理解。”阿里巴巴董事局主席马云认为，发展机器人，更应让机器做人类做不到的事情，中国有机会走出独特的发展之路。

新一代人工智能将重构生产、分配、交换、消费等经济活动各环节，形成从宏观到微观各领域的智能化新需求，催生新技术、新产品、新产业，引发经济结构重大变革。

同时，新一代人工智能也将带来社会建设的新机遇，人工智能在教育、医疗、养老、环境保护、城市运行、司法服务等领域的广泛应用，将提高公共服务精准化水平，全面提升人民生活品质。

中国 AI 路如何闯

“发展人工智能是一项事关全局的复杂系统工程。”李萌表示，新一代人工智能重大科技项目已被列入“科技创新 2030－重大项目”，国家“十三五”规划中此前明确提出的 15 个重大项目，现在加上就有 16 个了。

据悉，新一代人工智能重大科技项目，将和已经安排的项目任务，共同形成国家人工智能研发的总体布局，形成“1＋N”的人工智能项目群。“1”就是新一代人工智能重大科技项目，专门针对新一代人工智能特有的基础理论、关键共性技术进行攻关。“N”就是围绕人工智能相关的基础支撑、领域应用形成的各类研发任务布局。

李萌介绍，“科技创新 2030－重大项目”是动态的、开放的，将根据科学技术发展的前沿趋势及时调整。此外，新一代人工智能重大科技项目的实施将充分调动中央政府、地方政府、企业、社会资本等各方积极性，多渠道出资、共同发力。

专家建议，我国人工智能发展应注重：把握发展新阶段，重点发展以深度学习、跨界融合、人机协同、群智开放、自主操控为基本特征的新一代人工智能；突出创新能力建设，推动建立基础理论和关键共性技术体系；形成前瞻系统布局，坚持研发攻关、产品应用和产业培育“三位一体”。

“新一代人工智能科技重大项目，主要瞄准人工智能技术前沿，结合国家重大需求进行设计。”科技部高新技术发展及产业化司司长秦勇介绍，大数据智能、跨媒体混合智能、群体智能、自主智能系统，这些恰恰是新一代人工智能技术发展的重要方向。

中国 AI 之路如何“控”

高技术有时会像“脱了缰的野马”肆意奔腾。既要让马儿跑，也不能让它“脱缰妄为”。

有不少科技界产业界知名人士在支持人工智能发展的同时，也对人工智能发展可能带来的就业、伦理、安全等方面的挑战高度关注。

与所有的颠覆性技术一样，新一代人工智能具有高度的不确定性，可能带来改变就业结构、冲击法律与社会伦理、侵犯个人隐私等问题。因此需要统筹谋划、科学引导。

如何确保人工智能安全、可靠、可控？李萌表示，人工智能具有技术属性和社会属性高度融合的特征。既要加强人工智能研发和应用力度，又要预判人工智能的挑战，协调产业政策、创新政策与社会政策，实现支持发展与合理规制的协调，最大限度防范风险。

“建设创新型国家和世界科技强国并不简单是一个技术研发的问题，还包括技术体系、人才队伍、社会治理水平。”科技部创新发展司司长许倞表示，规划的核心不仅是推动人工智能技术进步，同时最大限度降低风险，确保人工智能走上安全、可靠、可控的发展轨道。

第一章 人工智能梗概

人工智能已在机器视觉、指纹识别、人脸识别、视网膜识别、虹膜识别、掌纹识别、专家系统、自动规划、智能搜索、定理证明、博弈、自动程序设计、智能控制、机器人学、语言和图像理解、遗传编程等诸多领域得到广泛应用，尤其是在自然科学研究中发挥的作用令人类望尘莫及，这有助于人类自身智能发展的突破。与此同时，人工智能也对人类社会生活、政治经济、科学技术等方面带来巨大且深刻的影响，甚至能引发安全问题。有学者认为，让计算机拥有智商很危险，它可能会反抗人类。

1. 人工智能：颠覆性创新还是文明终结者？

在刚刚结束的世界机器人大会上，全球最炫酷的机器人产品、最前沿的人工智能技术闪亮登场。人工智能已成为当代全球最火爆的高科技领域。

与此同时，人工智能的发展速度远远超越了人类自身的进化速度，这也引起了诸多学者的警惕。人类的职业是否会被机器代替？

机器会不会反过来操控人类？控制人类居住的星球，并最终将人类淘汰出局？

带着这些问题，新华网科技频道记者独家专访了天津大学医学工程与转化医学研究院院长、天津神经工程国际联合研究中心主任明东。

不断学习、创新才能不被机器人取代

“人工智能与人类智能之间不存在简单的替代关系，应该说人工智能是人脑智能的扩展、延伸和补充，人工智能应该与人类智能协同配合，通过人机智能融合来共同提高社会生产效率。”——明东

近年来，无人驾驶、智能医疗、聊天机器人、工业机器人、阿尔法狗等人工智能技术和产品不断推陈出新，代表了人工智能应用研究长足的进步。但这是否也意味着，越来越多原本需要人类完成的工作，将被人工智能取代呢？

对此明东介绍，目前，在工业生产或生活领域逐渐替代人工的主要是机器人技术。其中，智能机器人是一种具有高层次人工智能的自动化机器。事实上，智能机器人是集人工智能技术于一身的机器，具备视觉、听觉、触觉、嗅觉等功能的各种内外信息传感器，以及如同人体筋骨肉的各种能作用于周围环境的效应器，使它们的手、脚、眼鼻口、触角等能够动起来。更重要的是，智能机器人有很发达的“大脑”。在智能机器人脑中起作用的是中央计算机，能够理解人类语言、分析出现情况、安排行为且具有自适应能力。

“智能机器人是集人工智能技术于一身的机器，是能进行自我

控制的独特的‘活物’。”明东称。

他介绍，目前人工智能可从事的工作大致有两类：一是简单重复性低智能工作，如自动装备生产线上的工作。

另一类是需处理大量信息、不容有过失的高智商工作，如医院影像科的看片医生、公交或高铁司机乃至飞行员等岗位，一旦出错就可能造成不良后果或重大灾害。

“但这两类职业都不可完全脱离人的智能管理作用，尤其在人工智能无法完全胜任的关键工作环节，仍需人为高智商干预。”明东强调。

而对于需要创造性智慧的职业，如高等教育的教学与科研，目前尚无迹象显示有人工智能机器人欲取代人类。

可以预见，随着人工智能技术的高度发展，那些无须很高教育背景、专业知识、岗位职责界限清晰的职业被智能机器人取代的可能性较大；而只有在高学历教育背景培育下不断努力学习、更新知识结构、不断创新的职业才不会被人工智能替代，因为正是他们在不断促进人工智能的发展，也正因如此，人类才能进入更高文明的智能社会。

任何新兴技术都有可能是双刃剑

“一旦毫无情感的智能机器被用于战场或被不法分子掌握，将给人类带来灾难。这是人类当前应认真思考和面对的问题，须及早达成全球共识、提前防范。应通过因势利导、合理利用，让人工智能更多地为人类社会发展谋福利，同时建立健全相关法律法规并共同遵守，防止技术被不法分子利用，使之造福人类而无祸

害。”——明东

今年 4 月，著名英国物理学家史蒂芬·威廉·霍金在北京举办的全球移动互联网大会上做视频演讲时指出，人工智能可能是人类文明的终结者。“人工智能崛起要么是人类最好的事，要么就是最糟糕的事。人类需警惕人工智能发展的威胁。因为人工智能一旦脱离束缚，以不断加速的状态重新设计自身，人类由于受到漫长的生物进化限制，将无法与之竞争。”霍金警告。

曾经的科幻已成为了现实，然而人工智能是否会像霍金警告的那样，摆脱人类的控制，并给人类造成灾难呢？明东对此进行了层层剖析。

他指出，人工智能的本质是对人类思维信息过程的模拟。现代电子计算机的产生与发展便是对人脑思维信息过程与功能的模拟及创新，“师从人类而某些功能又高于人类。前不久，机器人阿尔法狗大胜全球围棋名段高手即为一例。”他称。

人工智能已在机器视觉、指纹识别、人脸识别、视网膜识别、虹膜识别、掌纹识别、专家系统、自动规划、智能搜索、定理证明、博弈、自动程序设计、智能控制、机器人学、语言和图像理解、遗传编程等诸多领域得到广泛应用，尤其是在自然科学研究中发挥的作用令人类望尘莫及，这有助于人类自身智能发展的突破。

与此同时，人工智能也对人类社会生活、政治经济、科学技术等方面带来巨大且深刻的影响，甚至能引发安全问题。有学者认为，让计算机拥有智商很危险，它可能会反抗人类。另一方面，伴随着人工智能和智能机器人的发展，人类迟早不得不面对人工智能可能触及社会伦理底线的敏感难题。“人工智能发展前景广阔，同时，它又模糊了物理现实与主观感受的心理界限，衍生出错综复杂的伦理、法律和安全问题，需要及早预防、提前布局，审慎应对、避免冲突，免得措手不及。”明东指出。

他认为，人工智能在今后很长一段时间内难以达到或超越人脑的水平，风险尚处于可控的范围。将来更大的可能是人工智能与人脑智能有机融为一体，成为新一代的赛博人（Cyberman，人机复合），人工智能将成为未来人类自身密不可分的有益智产而非伤身资材。

未来人工智能将发展出全新的智能形态

“飞光飞光，劝尔一杯酒。吾不识青天高，黄地厚，唯见科技轮转，来解人忧。劳心则肥，劳力则瘦。人智安在，机智何有。意动若可感，交互通接口。吾将传所思，达所谋，使之心想事成，役物使就，自然人工合一，生机重构。”——明东

人工智能已成为全球增长最为迅速的热门产业之一。不过，我国人工智能产业仍处于小、散、弱的状态，高端产业低端化、低端产品产能过剩现象逐步显现，在研发方面也存在不少需要解决的难题。

2017年7月，国务院发布的《新一代人工智能发展规划》特别指出，我国人工智能未来以类脑智能、混合智能、协同智能、群体智能等前沿技术为重点发展方向。

展望人工智能技术发展的未来，明东认为，人工智能将是以类脑技术、脑科学技术、脑机智能融合技术为核心，从微观到宏观、从结构到功能全面模拟和融合生物智能的全新智能形态。

其中，类脑智能致力于采用硬件和软件技术模拟人脑的工作原

理以实现人类水平的智能系统，构建更高效能的人工神经网络模型，开发全新的神经形态芯片、类脑计算机、神经机器人及类脑智能机器人。

而混合智能则着力于融合生物智能与人工智能，最终实现借助人工智能突破生物智能的局限，发展出兼有生物智能与人工智能优势互补的新型智能形态。

2. 不再是概念：人工智能时代真的要来了

“人类曾做过很多预言，很多都被历史车轮碾碎了。但是今天，我认为人工智能时代要来了，是真的。”在昨日召开的2017机器人与人工智能大会上，北京大学教授、工业和信息化部原副部长杨学山如此表示。

中国人工智能产业创新联盟也在当天的大会上宣布成立。多家企业在现场展示了丰富的智能产品，带领观众提前看到了智能时代。

三大理由推动人工智能时代到来

在当天的大会上，杨学山介绍了牛津大学报告中的预言，“2136年，所有人类的工作，都可以被人工智能替代。”

牛津大学与耶鲁大学研究人员的一项最新研究认为，未来10年内最有可能被人工智能替代的是机械性任务；2024年，机器人在语言翻译方面将超过人类；到2026年，机器人能够比人类写出更好的高中水平论文。至于那些更复杂和更具创造性的任务，例如写书和进行高等数学运算，则需要更长时间。最终，研究人员发现，到2061年，人工智能将可完成所有人类任务，到2136年将取代所有人类职位。

除了现有的职业会被人工智能代替，更恐怖的是，很多职业还没产生就被人工智能拿去了。比如，谷歌说其能源管理经过智能优化，下降了40%。也就是说，本来有个降能师的职业，还没产生就被人工智能抢去了。

杨学山称，牛津大学的预言让人震撼。实际进程也许会有所不同。但是，这些场景终究是会实现的。现在，人工智能不再是概念，而是真的来了。

杨学山说，做出以上判断是基于三个理由。首先是找到了一条可以实践的路径。“这条路径就是我们的知识可以演变成机器可执行的策略，而且能比人更好地解决一些问题。”

其次是相应的计算资源可以得到。“实现人工智能的技术资源已经基本具备。从感知技术、传输技术到处理技术，包括对符号和语音的处理，这些能力已经形成，而且会越来越便宜。”

第三是社会现实有需求。“无论是智能制造，还是社会发展，社会对人工智能都有很强的需求。”

创新工场 CEO 李开复近期也提出，人工智能大规模应用的时机已经到了，今天就是人工智能的“黄金时代”。

多家上市公司成为联盟成员

中国是人工智能应用的最佳市场，有希望成为这一新兴产业的领导者。

中国电子信息产业发展研究院院长卢山提到，摆在业界面前的困难还有很多。成立联盟的意义在于组织企业、专家一起共同奉献、共同探讨、共同往前。

在中国人工智能产业创新联盟成立仪式上，秘书长安晖代表联盟成员公布了四大工作任务：一是建立中国人工智能开放创新平台。以平台推动人工智能技术等方面的开放、开源式创新。二是组建中国人工智能创新发展基金。以资本力量为人工智能企业和产业发展提供强劲动力。三是举办中国人工智能产业创新大赛。聚焦重点、热点问题，促进人工智能企业和团队创新水平的提高。四是建设中国人工智能产业创新基地。建设产业载体，为人工智能企业发展提供最优化环境。

成立活动上，联盟审议通过了组织架构，赛迪智库电子信息产业研究所所长安晖担任秘书长；中国电子信息产业发展研究院为理事长单位，科大讯飞（002230，股吧）、京东集团、英特尔（中国）有限公司、SAP 中国研究院、科沃斯机器人股份有限公司、开源中国、苏州天准科技股份有限公司、北京洪泰同创信息技术有限公司、贵州小爱机器人科技有限公司九家公司被评选为副理事长单位。

会议还发布了人工智能投资价值百强榜单、机器人 50 强榜单，多家上市公司榜上有名。

人工智能应聚焦中国制造业

“创新”不仅仅意味着发明创造，还要能够推向市场，被市场所接受。

打个比方，如果 AlphaGo 的技术仅仅停留在下围棋的功能上，那么即便它赢了柯洁，也只是个“围棋机器”，而如果能把这项技术或者其他人工智能技术很好地运用到实际生产中，那么它的影响力将是不可估量的。

杨学山提出，人工智能技术要聚焦到中国发展的重点问题，聚焦到制造业。一个技术不在于技术水平，而是能够解决经济发展的痛点问题。

“中国 2050 年要进入世界发达国家的行列。如果不能把人工智能应用到制造业，中国伟大复兴的事业可能受挫。人工智能不是在讲台上讲讲而已，而是要落地。人工智能和机器人在制造业的使用会对其他领域的使用起到巨大的推动作用。”杨学山说。

在当天的大会上，卢山提出了人工智能时代“ABC”的概念。A 指人工智能技术，B 指商业化，C 指定制化。人工智能技术首先要商业化，最终要实现定制化。

中金研究员指出，人工智能的商业化，仅仅依靠技术是很难继续走下去的。数据的规模和采集能力决定了人工智能在这个行业的发展速度。

3. 人工智能：下一个基础行业

我们一直都在困惑，整个世界前进到底靠什么在驱动？为什么今天会是这个样子？我们以后会是什么样子？

我下一个想法是，猎豹未来的五到十年会是什么？或者，什么是我自己能看得到，且是这个世界有机会发展的五到十年？我在做这个判断的时候，还有一个前提判断——那就是互联网实际上是全人类的头脑风暴。

每当我想起互联网的时候，我脑海里就有一个生物，叫珊瑚虫。每个珊瑚很小很小，但是它用一条腔共享所有食物，小小的珊瑚可以长成巨大的珊瑚礁。互联网正是把人类所有脑子结合了起来，使得知识快速传递，认知迅速统一，极大缩短了最大的成本——就是认知。

想象一下，以前一个牛顿三大定律传播到中国，变成中国一个向前的科技动力，我认为这至少花了300年。鸦片战争时期，英国军队之强大，无非也就是中学物理理论武装起来的英国舰队，但能打败以游牧政权为核心的清朝，其实就是科技的传播速度太慢。所以，整个世界如果照这样的节奏发展，极其不均匀。

但今天，互联网的伟大使得全球人民的认知迅速统一。正是因为有了互联网的机会，使得互联网迅速变成所有行业发展的基础行业。这就是互联网蓬勃发展的秘密。

下一个和互联网一样能成为基础的行业是什么呢？我认为是人工智能。

过去两年，我在印度、以色列、美国等地东奔西走，认真看了很多创业公司和新兴科技。我当时发现了一个问题——以前我认为的那些看上去极难的技术，居然都被很多小团队突破了。比如说，辅助驾驶、人脸识别、动作识别，在我的想象当中是非常困难的技术。在以前粗浅的编程能力下，我想不出来这些问题怎么能解决。要写多么复杂的算法，才能把一个人脸上的毛孔、睫毛都认出来。用这种逻辑，是很难想象出来的。

怎么去找到这样的机会？这背后，隐含的就是深度学习的崛起，是大规模数据被利用。计算机用对数据的广度去解决了人类的认知深度，用一个简单暴力的网络模型，去解决了以前我们认为极其复杂的思维体系。

所以，猎豹在过去的一年当中，重新思考自己的定位，重新开始了很多尝试。我们把深度学习运用在收购的一家公司 News Republic。每个用户拿起手机看到的新闻就是独特的。无论你喜欢克林顿，还是喜欢川普，或者两个人都不喜欢，都可以看到不同的新闻，这也是海外内容化的一大步。而且，这一步不是靠编辑团队，是靠算法，靠深度学习网络和我们六亿用户形成的大数据，从而实现了内容的自动化分发。

不仅如此，我们在美国推出了一款直播产品叫 Live me。和中国做得都不太一样，全是美国漂亮的年轻人和帅哥。过去三个月里面增长速度非常快，已排在美国社交榜的 Top10。为了让直播社区有它的精神，我们会禁止色情，禁止太小的小孩上去。但这里面，我们每天都有 30 万的直播开启量，如果逐条审核，就需要非常大的工作量。于是，我们用深度学习和图像识别实现了对色情、对小孩的识别，大幅度降低了审核难度，实现了对内容的自动化分类。

下一步，我们想做一个人类的表情库，用机器来模拟人类表情。我们更希望能把人类的表情本身就认出来。你喜欢哪一类直播，就可以自动看到这类直播。也许你就喜欢邻家小妹，或者你就喜欢非常健壮的男生，或者你就喜欢看旅游的资讯，我们希望能够让机器了解，直接分配给你。

之前我说过要做一个机器人（19.940，0.16，0.81%）。我希望，做一款真正能够对人类有贡献的机器人，能够帮助你解决问题的机器人，它一定是软件、硬件、AI、服务的集大成者。

深度学习并不是什么独特的黑科技，它本身就是一个基础性的科技。和软件系统或制造业一样，深度学习会成为所有行业的基础，它会和每个行业结合。深度学习并不是一个遥远的事情或一个新的算法。深度学习的本质，是用数据重构你对世界的理解。所以，以前很多技术的路径，全部要被重新思考。深度学习的方式，将使得很多公司很多行业的技术积累全部被颠覆掉。

这有点像当年互联网刚出现的时候。

有人说，互联网只是一个网页。但，互联网不只是一个网页。互联网是一种信息传播的方式，是一种思考模式，是一个行业重构的整体路径。深度学习的理解，也一样。

因此，我相信——未来一定是人和机器人共存的时代。机器人可能会完成更多重复性的工作，我们可能真的可以实现所谓的诗和远方。（作者为猎豹移动 CEO）

4. 中国人工智能发展将迎来“新纪元”

自2016年3月AlphaGo大胜世界围棋冠军李世石后，人工智能的巨大潜力引起全世界的高度关注，各国都纷纷采取措施追赶这一来势凶猛的科技革命浪潮。作为世界最大的新兴经济体，中国自然不甘落后，5月，发改委、科技部等四部门共同制定了《“互联网+”人工智能三年行动实施方案》，在今年两会上，人工智能也首次被写入政府工作报告，充分体现了党和国家大力推动人工智能发展的决心。

“随着各项促进政策的落地，中国人工智能产业发展将迎来‘新纪元’”，中关村管委会副主任张永强在近日举行的“2017人工智能产业峰会”上说。

工信部统计数据显示，去年中国人工智能市场规模达239亿元，预计2018年将有望超过380亿元。

安全防控是中国运用人工智能技术较早的领域之一。传统的监控摄像头会储存海量的视频数据，比如，北京全市拥有的安全监控摄像头超过200万个，每一个都在24小时不停地录视频，这意味着每一天北京市的全部摄像头会录制总时长超过200万天的视频，相当于五千多年！假如警方想通过人工观看视频的方式追踪某一犯罪嫌疑人的行踪，如同大海里捞针，难度可想而知。

由位于北京的格灵深瞳公司研发的“智能视频监控系统”破解了这一难题。据该公司创始人赵勇介绍，该系统运用了包括人脸识别在内的智能图像识别技术，只要将犯罪嫌疑人的脸部照片输入系统，系统便能瞬间从海量视频库中搜索出所有该嫌疑人留下的视频资料，此后如果摄像头再拍摄到嫌疑人的新视频，系统会自动报警。假如警方没有得到嫌疑人的脸部照片，还可以把他的衣着、身高、体型、发型、车牌号码等作为线索输入系统，进行搜索和自动报警。

人机交流一直也是人工智能的热门领域。宁波薄言信息技术有限公司创始人李明表示，让机器人与人类进行语言交流是比下围棋更为复杂的人工智能技术，因为语言过于灵活多变，同样一句话在不同语境下可能意思完全不一样，而解决这一问题的出路只能是让机器人不断“学习”。

由该公司研发的“薄言超级大脑”是构建在大规模 GPU 集群上的深度人工神经网络，拥有近十亿神经元参数，它可以通过不断阅读互联网内容来充实自己的“知识库”，迄今已经积累了近两千万实体的知识网、三亿实体的语言表达、近百万领域的专业知识，以及中英两种语言。

基于“薄言超级大脑”平台，该公司还推出了陪护机器人“薄言豆豆”，此机器人具备聊天、讲故事、背古诗、辅助学习、做游戏、健康生活方式提醒等诸多功能，可以充当儿童的好伴侣。通过互联网与“薄言超级大脑”连接，“薄言豆豆”还能不断更新其“知识库”，智能化水平会越来越高。

如何促进科研成果向成熟产品转化一直是制约创新的一大难题，为此，近年来，为数众多的科技“孵化器”涌现出来，由北大校友和联想之星创业联盟于 2013 年发起成立的“创客总部”就是较为成功的案例。

“创客总部”创始合伙人李建军介绍，该机构专门聚焦人工智能等前沿领域，聚集五十多家精选中介服务机构为创业者提供工商、税务、招聘、营销等基础服务；提供技术、市场、融资、法律等方面的专业指导；联合大量投资企业组成投资联盟，为优秀项目注入资金。截至目前，创客总部已经入孵科技项目超过 270 个，其中 120 多个项目已经获得投资，投资总金额突破 11.3 亿元。

今年 3 月，中国首个国家级人工智能实验室——深度学习技术及应用国家工程实验室挂牌成立，该实验室由百度公司牵头，清华大学、北京航空航天大学、中国信息通信研究院等单位参与建设，旨在研发人工智能基础技术，并加速其大规模产业化。

5. 我们该恐惧人工智能吗

有人说，人工智能如同高速疾驰的列车，当人们还在远眺其真实模样，它却以让人来不及感叹的速度呼啸而过。对于人工智能，该“及时刹车”，还是“加速前进”，长期争论不休的两种对立观点，如今碰撞得越发激烈。

人工智能与人类的“对抗”尚无迹可寻，人类自身却已就此展开激辩。脸书公司首席执行官马克·扎克伯格与科技“狂人”、特斯拉创始人埃隆·马斯克近日就这一问题发表了不同观点。

马斯克认为，人工智能将威胁人类，或引发恐慌，呼吁政府尽快考虑针对这一技术的相关立法与管控；而扎克伯格则认为，人工智能将会让人类的生活变得更安全和美好，那些“反对（人工智能）并鼓吹（因人工智能而引发）世界末日论调”的人“非常不负责任”。

业界巨头截然相反的观点，不仅再次引发科技界争论，也影响着普通公众的认知。有人忧心忡忡地在社交平台发问：关于人工智能，我们需要恐惧吗？

实际上，科技大佬们在这一问题上的观点长期以来就分为两派。悲观派认为，人工智能对人类产生的潜在危险远超想象，不仅将来会取代人类超过半数的工作，甚至可能超越人类智力。悲观派的典型代表包括物理学家斯蒂芬·霍金等。

尽管悲观，马斯克等人仍呼吁政府机构加强对人工智能的了解。马斯克等人在 2015 年 12 月启动非营利性人工智能平台 OpenAI，旨在开放人工智能技术，开发和实践安全的通用人工智能，以应对人工智能的潜在威胁。

与之相对，对人工智能持乐观态度的科技前锋同样为数众多，甚至可能更多。其代表人物就是未来学家、美国奇点大学校长雷·库兹韦尔，他一直醉心于让机器人拥有自主意识的前沿研究，相信人类会利用好科技这把“双刃剑”。

乐观派中还包括谷歌公司联合创始人拉里·佩奇、领导谷歌旗下“深度思维”公司研发“阿尔法围棋”的英国人工智能专家德米什·哈萨比斯等。

不管人们持何种观点，被称为新一轮产业革命推动力的人工智能技术，正全方位、加速改变着人类生活。人们都必须做好准备，认真评估人工智能带来的机遇和挑战。

德州扑克人工智能系统开发者、美国卡内基-梅隆大学教授图奥马斯·桑德霍尔姆今年4月接受新华社记者采访时说，人工智能技术的风险被夸大了，而大众传媒对这项技术的好处却阐述得还不够。

可以肯定的是，未来人类都必将融入新一轮的技术发展浪潮。“回顾人类历史，无论古希腊、古中国、古印度……如果审视人类命运，就会发现每一个人类文明都始终在探索和创新。人类永远不会停止探索和创新，这已融入我们人类的血液，”著名人工智能专家、斯坦福大学人工智能实验室负责人李飞飞今年早些时候接受新华社记者专访时说，“我相信，技术终将为人类服务。”

如何使用技术，是人类作为一个整体的责任。李飞飞对新华社记者强调，“工具和技术可以让人类受益，也可以造成极为恶劣的后果。我们是一个整体，不仅仅是研发者和探索者，所有人都应承担相应的责任。关于人工智能未来的讨论，我呼吁科技界领袖、研究院校师生、立法者、政策制定者……我呼吁所有人都加入进来”。

千万别将人类与机器的关系定义为“竞争”，美国著名科技观察家、《连线》杂志创始人凯文·凯利指出，因为那样的话，我们必败无疑。人类与机器，注定相伴同行。

6. 为迎接人工智能时代做好准备

就业问题不光是经济问题，更是社会问题，如果人工智能的发展对人类职位的替代效应过大、过快，必然引发社会震荡。

第二次工业革命中电能给人类社会带来的变化，世界难以忘记，当前人工智能的发展被寄希望于成为新时期的“电能”。除了业界加速推进，这关乎整个社会变革的技术还需要很多准备工作，人类只有通过自身进步乐观应对，才能以最小的成本实现对接。

第二次工业革命从19世纪末延续至20世纪初，随着电力和生产线的出现，规模化生产应运而生。在机器替代劳动者原有岗位的同时，得益于技术进步和生产效率的提高，劳动者可以在新的行业、新的岗位重新就业。

当前在家居、金融、出行、生产……社会的方方面面都在与人工智能技术对接着。更高效的服务、更快捷的体验让需求端的人类处于福利地位，但在技术引领的悄然变革中，镇痛也在所难免，首当其冲就是传统的就业岗位。

几乎可以肯定的是，任何一个产业都将受到人工智能技术的冲击，更多手工操作和重复性的工作任务会被取代。普华永道会计师事务所日前发布分析报告说，机器人和人工智能技术带动的自动化浪潮将在未来15年里影响英国多达30%的就业职位，对美国影响范围高达38%，对德国为35%，对日本为21%。其中可能受自动化影响最大的行业包括运输、制造以及批发零售业。令部分人群担忧的是，人工智能的触角可辐射到人类社会的方方面面，这种颠覆式影响可能会重塑社会格局。世界经济论坛主席施瓦布此前刊文指出，相对于前几次工业革命对就业市场的改变，以人工智能、数字技术为引领的新工业革命对就业市场的破坏范围更广，速度更快。

就业问题不光是经济问题，更是社会问题，如果人工智能的发展对人类职位的替代效应过大、过快，必然引发社会震荡。

在迎接人工智能时代到来之际，更考验政府和企业的智慧。如何调整就业政策，扶持失业人口转型就业，是每个政府需要提前着手准备的。新时代下，新技术逼迫企业更要不断去创新，企业发展关键的生产要素重心从资本转为人才。不过，从人类自身发挥主观能动性的特长看，通过学习、交流实现自我提升将成为必然选项。届时，从就业市场结构就可看出人们的准备是否充分，可能分化为低技能低薪和高技能高薪两类工作。

中国在这个人工智能来临的时代中，也该做好应对。在利用好数据量大、互联网用户多、产品应用广泛等优势发展人工智能的同时，把握好前沿产业人才的培养和储备，紧跟产业发展动向，制定适度的规则框架，循序渐进地推进人工智能技术对社会生产生活的改造。

7. 改变未来：人工智能深入各行各业

试想未来的一天，我们的“家”会这样：走进房门，灯光自动激活、电视自动播放、浴室自动烧水、空调自动调节……

人工智能的发展正让这样的未来场景慢慢走入现实。在云栖大会·上海峰会的现场展柜前，一款机器人“小白”扑闪着它的“眼睛”，向参观者微笑。据杭州氦氪科技有限公司产品经理柏文波介绍，这款智能机器人可以成为家庭“管家”，只需跟它说“小白关灯”，小白就会进行语音识别控制灯的开关。

人工智能，无疑已成为各行业的热点，业界认为人工智能将成为新一轮技术变革的核心。阿里云总裁胡晓明表示：“如今，云计算已经深入各行各业，包括交通、环境、金融、教育及传统制造业等领域。各行各业都有着智能化转型的迫切需求。”

在本次峰会上，阿里云发布了其最新的计划——ET 环境大脑。ET 是阿里云研发的人工智能，在一个巨大的显示屏前，集合了全景生态、应急指挥、智能检查、环境风险源转移监管等可视化数据。据介绍，目前合作者使用 ET 环境大脑已在江苏实现了对水、气、土壤污染源的智能感知。在沿海多个省份的固废全程监管模拟推演中，政府使用 ET 环境大脑共预警 131 次，其中有效预警 122 次，有效率达 93%，管理企业达 2.5 万家。

在过去一年中，阿里云相继发布了人工智能在智慧城市、传统制造业以及医疗领域的应用。

以智慧城市建设为例，摄像头设备是城市管理的重要角色，但“未智能化”的摄像头却只能观测到局部，无法实现全局、实时的感知和分析。杭州在 2016 年 10 月宣布引入“城市大脑”计划，据了解，在引入人工智能算法后，杭州城区的部分路段通过智能调节红绿灯，车辆通行速度最高提升了11%。

不过，在胡晓明看来，让摄像头跟交通红绿灯实现通讯非常难。“因为要把摄像头的数据和红绿灯的配置方案整合在一起，要打破很多的边界、实现很多协同。”阿里云视觉计算团队负责人华先胜则说，数据的分析，视觉的智能，它已经不是一个普通的算法，需要有一个强大的计算能力。

在医疗方面，华先胜说，在多个疾病的大数据运算测试中，他们意识到机器能够深度学习并掌握人眼观察图像、识别差异的能力，例如CT影像用视觉智能可以很快得到结论。据介绍，通过针对甲状腺结节开发的影像学诊断系统，人工智能技术已进驻浙江大学附属第一医院等医疗机构“实习”，辅助那里的超声影像科医生阅片、捕捉甲状腺结节。

创新工场创始人李开复曾表示，医学看片、诊断、精准医疗、基因排序，这些都是很好的人工智能的应用。人工智能技术如果能做到精确的判断预测和分类，以后可以取代很多工作，比如说当你识别人脸超过人的时候，保安就不需要了，警察部分的功能也不需要了，当语音识别超过了人类，以后客服的工作可以被取代了，甚至一些非常高端的放射科医生的工作，都会在未来的五到十年之内被取代。

可以预见，“云”将无处不在，人工智能会越来越多地影响人们的生活，人们对人工智能会越来越习以为常。

8. 人工智能将迎来一次质的大飞跃

“人工智能作为产业革命的引擎，正在全球范围内迎来新的高潮，并正处于一个转折关头，将迎来从1.0阶段到2.0的大飞跃。”中国工程院原常务副院长、院士潘云鹤说。

潘云鹤9日在杭州举行的“未来已来”全球人工智能高峰论坛上作此表述。

在潘云鹤看来，目前人工智能发展环境发生了巨大的变化，我们身边有大量的互联网、移动计算、超级计算、穿戴设备等，而不只是一人拥有一台计算机，并且人工智能也从模拟人的智能延伸出智能城市、智能医疗、智能交通、智能制造等大量新的需求，还出现了大数据、多媒体数据的技术支撑。

这一观点也得到了阿里巴巴集团技术委员会主席王坚的认同。王坚说，世界发生了非常多的变化，而不仅仅是人工智能本身。人工智能非常重要的基础，就是物联网变成了人类社会中非常重要的基础设施。

人工智能的飞跃式发展将带来什么？康奈尔大学教授、图灵奖获得者约翰·霍普克洛夫特说：“人工智能已经产生了革命性的影响，会从根本上改变人们的工作和生活，相当于我们已经发生过的农业革命和工业革命，我们必须要不断改变自己，才能够从人工智能中获益。”

牛津大学历史系博士、《未来简史》作者尤瓦尔·赫拉利说，这样一次革命对于人类来说也会有很大的影响，最明显、最快速的一个影响是在就业市场。随着人工智能的发展，它会在很多任务上超过人类的表现，从开车到医疗诊断，成千上万的人在那时将失业，因为你不再需要出租车司机、卡车司机。

“对于我们来说，就是需要重新改变自己，并且在有生之年不断学习，适应生活。因为对于世界，尤其是2040年以后的世界，最大的不变就是变化。”尤瓦尔·赫拉利说。

中国应该怎样把握这一轮人工智能革命？潘云鹤说，中国人工智能的基础研究、技术研究、软件研究，应该重点瞄准大数据智能、群体智能、跨媒体智能、人机混合增强智能和自主智能这五个方向前进。

“就像汽车可以在高速公路上跑得比人更快，但它永远不可能取代腿，像人的腿那样灵活。我们应该去追求把计算机和人结合起来的混合智能，形成一个更加精彩的智能系统甚至是智能集群。”他说。

第二章 人工智能+中国制造

“中国制造”转型升级对机器人的市场需求，正倒逼国产机器人研发和制造产业新的发展，而政策支持也助推了这一进程。国务院2015年印发的《中国制造2025》，提出制造强国发展路线图，智能制造是制造业转型升级的突破口。

1. 新一代AI加速向行业渗透助推“中国制造2025”

正在天津举行的首届世界智能大会上，多位人士表示，“中国制造”曾依靠密集劳动力优势走向世界，而机器人正成为其转型升级的新助力和新抓手之一。

近年来，在传统制造业下行压力增大的背景下，天津着眼建设全国先进制造研发基地，大力发展机器人产业。目前，天津市拥有机器人生产企业百余家，年产机器人约1000台，产业规模30亿元左右。

原先依托娴熟工人的传统劳动密集型企业也在借助机器人的力量，开始了转型升级之路。位于天津开发区的美克美家，在传统生产设备基础上，引入工业机器人，把原来四个人的工作，缩减到现在的一个人。

为了应对转型升级的需要，河南、辽宁、广东、山东等地也纷纷加快培育以机器人为代表的智能装备产业。

“新一代人工智能正在加速向制造业等行业渗透，来推升新经济，向智能化加速跃升。”科技部部长万钢说。

2015 年中国工业机器人市场销量达 6.67 万台，这是中国自 2013 年起，连续第三年成为全球最大的工业机器人消费市场。

“随着机器人技术的不断发展，大量的工业机器人将会出现在制造业等传统行业。”人工智能产业技术创新联盟秘书长张伟民说。

国际数据公司发布的《中国工业机器人》报告预测，到 2018 年，中国制造业的机器人采用率将增长 150％。

业内人士告诉记者，“机器换人”不仅有助企业缓解技工短缺的困境、应对上涨的劳动力成本，同时也能更好地满足现代生产的标准化要求，创造更大的产能，也有助于解决中国目前面临的土地、环境承载能力等问题。

机器会不会取代人类？

“不会。反而可以更好地辅助人类从事自己的工作。”科大讯飞市场部经理王竹梅说，“随着人工智能的发展，也会诞生一些新工作岗位，比如机器人美容师等。”

“人类面临的许多问题具有不确定性、脆弱性和开放性，任何智能程度的机器都无法完全取代人类。”中国工程院院士郑南宁说。

“中国制造”转型升级对机器人的市场需求，正倒逼国产机器人研发和制造产业新的发展，而政策支持也助推了这一进程。中国国务院 2015 年印发的《中国制造 2025》，提出制造强国发展路线图，智能制造是制造业转型升级的突破口。

虽然中国机器人产业发展迅猛，但中国科学院院士谭铁牛指出，由于中国在经济社会综合发展水平、人才储备、高科技产业投资等方面与发达国家的差距，导致中国人工智能的整体应用水平还相对较低。比如，国产机器人市场份额只有13%，机器人的四大关键零部件（减速器、伺服电机、伺服驱动器、控制器）长期依赖进口，“机器人密度”只有德国、日本的十分之一。

专家们认为，应加快制定中国机器人技术和产业发展规划，定期发布中国机器人产业发展技术路线图，把机器人技术对相关领域科学研究、技术开发、产业发展特别是基础工业水平的渗透、辐射、带动作用充分发挥出来。

万钢说，多部委正在推动制定新一代人工智能发展规划和重大科技项目规划。“这将是中国面向2030年进行系统部署的人工智能发展规划。”

2. 人工智能产业迎政策红利期

人工智能产业将迎来政策红利期。记者日前从工信部获悉，为进一步推进人工智能产业发展，工信部将会同相关部委、科研机构、产业组织和行业企业，在《新一代人工智能发展规划》等产业指导性文件的基础上，出台一批具体的产业推进措施，加速政策落地，促进我国人工智能产业在未来快速健康发展。

据悉，未来将出台的人工智能产业推进措施主要分为三大类。第一类是具体产业落地政策，包括出台针对人工智能中小企业和初创企业的财税优惠政策，通过高新技术企业税收优惠和研发费用加计扣除等政策支持人工智能企业发展政策；落实数据开放与保护相关政策，开展公共数据开放利用改革试点，支持公众和企业充分挖掘公共数据的商业价值；盘活现有资金，引导市场力量，建立健全人工智能产业发展基金。

第二类是推进各类人工智能创新发展。主要包括按照国家级科技创新基地布局和框架，统筹推进人工智能领域建设若干国际领先的创新基地；引导现有与人工智能相关的国家重点实验室、企业国家重点实验室、国家工程实验室等基地，聚焦新一代人工智能的前沿方向开展研究；前瞻布局新一代人工智能重大科技项目，形成以新一代人工智能重大科技项目为核心、现有研发布局为支撑的人工智能项目群；建立人工智能技术标准和知识产权体系，建设跨领域的人工智能测试平台，推动人工智能安全认证，评估人工智能产品和系统的关键性能。

第三类是制定促进人工智能发展的法律法规和伦理规范，开展与人工智能应用相关的民事与刑事责任确认、隐私和产权保护、信息安全利用等法律问题研究，建立追溯和问责制度，明确人工智能法律主体以及相关权利、义务和责任等。重点围绕自动驾驶、服务机器人等应用基础较好的细分领域，加快研究制定相关安全管理法规，为新技术的快速应用奠定法律基础。

工信部巡视员卢希近期透露，工信部正在牵头起草人工智能产业发展的有关具体行动计划，并联合有关部门支持成立相关产业发展联盟。上海、安徽、江苏等地均在加紧制定相应的人工智能产业扶持政策。

中国工程院院士邬贺铨向《经济参考报》记者表示，制定和出台具体的产业落地政策，是我国推进产业发展的有力手段之一。通过出台有针对性的具体政策，一方面可以促使人工智能技术快速应用，加速人工智能应用市场成型；另一方面，还将有助于产学研快速整合，形成完备的人工智能产业生态，有利于人工智能产业在未来做大做强。

百度、阿里巴巴、腾讯等企业在接受《经济参考报》记者采访时均表示，后续落地的多项人工智能产业推进措施，将从政策扶持、加速产业应用、扫清风险三个层面出发，能够进一步提升人工智能产业发展活力，有助于人工智能应用在我国快速应用，并被社会接受，这将为未来人工智能产业的发展、成熟、壮大奠定基础。

3. 大数据时代，人人都是 AI“数据燃料”的供应者

正在贵阳召开的 2017 中国国际大数据产业博览会上，谈到大数据与人工智能之间的关系，中国工程院院士倪光南演讲时借用了一个形象的比喻：人工智能系统犹如一个飞行器的话，那么“深度学习”是“引擎”，超算平台是载体，大数据则是最重要的“燃料”。

倪光南说：“大数据能帮助人工智能‘学习’，在人工智能助力下也能更好地处理和分析大数据。两者之间相互促进、紧密结合，将推动彼此共同发展。”

据介绍，人工智能诞生至今已有 60 年，尽管相关算法、运算能力等都在不断完善，但数据量小、数据流通不畅等因素是制约人工智能发展的关键之一。近年来，随着互联网迅速发展，积累了海量的大数据资源，为人工智能加快“学习”“进化”提供了重要保障。

参会的 360 人工智能研究院副院长韩玉刚说，AlphaGo 等人工智能迅速成长是综合因素作用的结果。但从技术层面看，相比较算法和运算能力的提升，数据量的大小更决定了人工智能的“奔跑速度”。

服务于人工智能的大数据从何而来？在韩玉刚看来，大数据时代，人人都是人工智能“数据燃料”的供应者。

“当前生活中的信息化设备无处不在，人的一切行为几乎都会‘数据留痕’，从而进入互联网汇聚成海量的数据信息。”他说，包括运营商、电商巨头、政府等海量大数据绝大部分都是由单个人产生的数据汇聚而来。

在数博会开幕式上中国科学院院长白春礼说，中国拥有全球规模最大的互联网用户，网民超过 7 亿人，已成为全球最重要的大数据市场之一。

白春礼说："目前，全球数据总量每年都以倍增的速度增长，预计到 2020 年将达到 44 万亿 GB，中国数据量到 2020 年将占全球数据总量的近 20%。"

今后，在全球人工智能迅猛发展的浪潮中，抢占人工智能技术和产业制高点，大体量的用户数据将是我国的重要优势之一。

4. 人工智能·智能制造·分享经济
——互联网将如何影响未来

在近日举行的2017中国互联网产业年会上，多位知名网络企业负责人和网络专家认为，未来人工智能、智能制造和分享经济等，将逐步推动经济产业升级，改善公众生活，孕育出新的“独角兽”企业。

人工智能，人类会是赢家吗？

“人工智能不只是MASTER和人下围棋，将来会应用到各种业务中。”谷歌全球技术总监、上海研发院院长陈晓说。

当前，无人驾驶汽车、在线智能翻译、可穿戴设备等人工智能设备正走近公众生活。中国工程院院士、中国互联网协会理事长邬贺铨说，有机构预测，未来10年几乎每个应用和服务都将包含一定的人工智能。百度董事长、首席执行官李彦宏也曾预言，靠移动互联网的风口已经没有可能再出现“独角兽”了，未来的机会在人工智能领域。

陈晓说：“人工智能最大的应用是，将海量的信息帮助人类读懂、消化，并建议给人类。”针对糖尿病患者容易发生视网膜病变的问题，目前有公司依据医生的诊断案例大数据，研制人工智能机器，未来可以用这个机器快速诊断糖尿病患者是否发生视网膜病变。

智能制造，让传统制造业拥抱新春天

“我国以电商为代表的消费互联网发展势头良好，但工业互联网经济与发达国家还有很大差距。”邬贺铨说，这是我国互联网发展的新空间，将孕育出新的“独角兽”企业。

“智能制造成为产业转型升级的关键领域。”中国互联网协会秘书长卢卫预测 2017 年互联网发展趋势时表示，制造业与互联网的加速融合，成为新一轮科技革命和产业变革的重大趋势。

通用电气 5 年前开始进行数字化转型。通用数字化集团中国区咨询及解决方案总经理张超说，工业互联网时代已经到来，互联网消费激活了需求侧，现在应该利用互联网技术激活供给侧，而供给侧很重要的一部分就是工业制造。

红领集团本是传统的服装企业，近年来推出全球服装定制供应商平台，满足客户的个性化需求。董事长张代理说，这个平台实现了在大流水线上定制生产个性化产品，近年来企业收入大幅提升证明，传统企业在互联网时代也可以有很好的发展空间。

三一重工高级副总裁贺东东认为，中国和西方发达国家在工业互联网领域的起步基本上处于同一窗口期。中国的优势是工业门类全、机器数量多，大数据资源丰富。缺点是制造业距离工业互联网时代还太远，中小企业多，很多企业没有足够的钱和人才去发展工业互联网。国家应该建立工业互联网云或平台，让这些小企业接入后立即就能应用。

分享经济，释放“网民红利”让闲置资源生财

网约车、房屋短租……分享经济新模式新业态不断涌现。2016年我国分享经济在交通出行、房屋租赁、家政服务、酒店、餐饮、旅游等领域，涌现出摩拜单车、小猪短租、爱大厨、途家等企业。

在预测2017年中国互联网产业发展趋势时卢卫说，国内分享经济领域将继续拓展，教育和医疗可能成为分享经济发展的新领域，这方面企业的数量将不断上升。

分享经济充分利用社会闲置资源和资金、劳动力、知识等生产要素再利用，也把熟人之间的分享关系扩大到了陌生人群体。

我国有超过7亿网民，有专家提出，当前“人口红利”正逐步减弱，可以用分享经济更多地释放“网民红利”。

国家信息中心信息化研究部主任张新红说，分享经济作为创新的商业实践，相关部门需要给创新留出试错的空间，对于已经阻碍分享经济创新发展的政策和制度应积极主动地进行修改和完善。

5. 人工智能发展最重要的是“普世化”

在 2017 年 1/0 开发者大会上，谷歌吹响从“移动为先”到“人工智能为先”的号角。除重磅推出新一代云端 TPU“神器”外，谷歌还推出 TensorFlow 云端 TPU 研究平台（TensorFlow Research Cloud），让人工智能（AI）研究人员免费获得大量免费计算资源，从而推动推动机器学习（ML）的开源研发。

“人工智能发展最重要的就是普世化。”作为全球人工智能的领军人物之一，谷歌 AI/ML（谷歌云）首席科学家、斯坦福人工智能实验室负责人李飞飞在近日接受记者专访时说：“顺便说一下，一些中文媒体将 Democratizing AI 翻译成‘AI 民主化”，我认为应该是‘AI 普世化’，这应该是一个更准确的用法。”

普世化并不等同于降低门槛。李飞飞指出，人工智能普世化的关键，是让尽可能多的人接触到这项新技术。“也许你并不知道什么是 AI，或者完全不了解其背后的算法，但这些都没有关系。作为研发者，我们应该知道，如何将基于 AI 技术的产品和服务提供给你，而这正是 AI 研发的目的。而实现这一目标的途径，降低门槛很重要，这可以让更多研发人员、更多企业、更多人参与进到产品、交互界面、企业模式等各领域的设计研发过程中来。但这并不是最终目的，”她说。

从霍金等人“不要太快”的观点，到马克·扎克伯格等人“加速前进”，关于人工智能的未来，人们观点各异。李飞飞认为，技术发展终将为人类服务。“回顾人类历史，无论古希腊、古中国、古代印度……如果审视人类命运，就会发现，每一个人类文明都始终探索和创新。人类永远不会停止创新和探索，这已融入我们人类的血液。而与此同时，我们所有人也应技术应用承担相应的责任。我们知道，工具和技术可以让人类受益，也能够用于非常坏的用途，可以用于彼此纷争，甚至造成极为恶劣的后果。可以说，如何使用技术，是人类作为一个整体的责任，而不仅仅是研发者和探索者的责任。我们是一个整体。关于人工智能未来的讨论，我希望硅谷的业界领袖、研究院校的教授学生、立法者、政策制定者……所有人都能加入进来。”

有趣的是，在中文里，人工智能的缩写是 AI，这也正是爱这个字的拼音。“我相信，爱是终极力量，”李飞飞笑着说。

人工智能早已不再只是象牙塔中仅供科学家研究的前沿课题。利用在斯坦福大学的学术假，李飞飞于去年底加入谷歌去“了解业界最想解决的问题”。在提及加入谷歌后的感受时，李飞飞认为，业界和学界的总体方向一致，追求的都是利用科技改变世界。不同的是，学术界更重要的任务是培养学生，薪火相传。在课题和思路方面，学术界更重视基础研究。这些基础研究有可能很快转化成产品，也有可能需要几年甚至数十年时间，这个很难确定，但它仍是朝着解决根本问题的方向前进的。而在产业界，所有垂直领域正在受到数据和人工智能技术的驱动，发生大规模变化。

“人工智能是第四次工业革命的重要推动力，是结合计算、硬件和数据的一个重要结合点。从健康医疗、交通出行、销售消费、金融服务、媒介娱乐、生产制造，到能源、石油、农业、政府……所有垂直产业都将因人工智能技术的发展而受益，”她说。在谈到如何更好结合业界和学界——这两个实现用科技造福人类的目标过程中最重要的两个方面时，李飞飞指出，破除壁垒，让信息和人才实现良性交换和交流，这对创新和技术发展来说，通常总是最好的状况。

今年年初，李飞飞曾“本着学习的态度”到访中国。在谈到中国之行时，李飞飞从“飞机一落地”就感受到人们对人工智能的积极态度。“从政界到业界，从企业家到技术研发人员，整个中国都对人工智能充满热情。这太棒了，因为这种能量会转化为许多创新，”她说。

李飞飞认为，数据是中国推动人工智能发展的另一个重要力量。中国拥有大量人口，是一个巨大的市场，有许多可供人工智能研发应用的数据，也会促生大量创新产品。此外，李飞飞表示很愿意看到，作为全球人工智能最重要的两个国家，中国和美国能够共享人工智能的热情和需求，而作为有两种文化背景和经历的从业人员，“我愿意看到这种双赢和互惠发生。而人工智能正是其中的桥梁”。

而无论中国、美国还是其他国家，推动技术发展，李飞飞认为有两件事很重要。“第一，我们需要先找到钉子，再找恰当的锤子。也就是说，我们应该把问题置于方法之前，人工智能、深度学习，这些都是重要的工具，也是重要的思维方式，但我们仍需要先找到问题，再用恰当的方式去解决，”她说。

另外，“人工智能听上去性感迷人，但归根结底，这是一种精深的数学工程技术。对于人工智能领域的技术人员和研发人员来说，这种技术与噪音和泡沫无关，无论外面炒的多么‘热’，我们都必须脚踏实地、头脑冷静，将关注点聚焦于技术研发。”李飞飞说。

除了普世化，多元发展也是人工智能发展过程中的重要课题。

如果人工智能研发主体过于单一，就容易构建有偏见的体系，且影响将难以扭转。她指出，人工智能还是一个非常新、非常复杂的领域，人工智能的研发目前还相对集中在少数公司和顶尖高校中，资源还相对有限，而无论是顶尖院校、还是领军企业，或者政策制定者，每个人都有责任确保人工智能的多元化发展。

在李飞飞的社交媒体账号中，记者注意到有一张某杂志刊登的关于全球顶尖科技“大咖”关于人工智能未来的观点图片，但其中却没有女性的面孔。在人工智能这一崭新领域，能有更多女性发挥作用，李飞飞认为，这是一个极为重要的问题。“在人工智能领域，以及其他技术领域，目前仍是男性主导。我们需要让女性、少数族裔加入进来。这不是任何一方能够单独解决的问题。我希望硅谷的业界领袖能更多讨论这个问题。如果每一个 AI 论坛都有一定比例的多元文化背景的人员，有 30％左右比例的女性，那么，这一领域的变化，将是不可思议的，将是了不起的。”

除了谷歌科学家和斯坦福教授的身份，李飞飞还是非营利机构 AI4All 的联合创始人和董事会成员。AI4All 是一个教育项目，面对来自不同性别、种族和收入情况家庭的 K－12 年级学生。“我的经历和努力，只是沧海一粟。我希望更多人能关注这一问题，并看到多元化上升的趋势，”她说。

“穿上很酷的连帽衫，但这是不够的。变酷可以成为一些人的驱动力，但不会是所有人创新的动力。尤其是对多元背景的人来说，而关于‘如果我做这个，将会给世界带来怎样改变’这样的问题，更值得那些有天赋的年轻人去思考，而这也正是人工智能技术发展的人文使命。”李飞飞说。

近年来，大量基于人工智能技术应用不断增加，阿尔法围棋战胜李世石更是点燃了公众对人工智能的热情。有人说，我们已迎来了人工智能的收获期。李飞飞认为：“技术发展正如同生命循环。没有单纯收获，或者单纯播种。在我们从早期深度学习等技术研发中收获成果同时，我们也正在为未来创新播下新的种子。”

6. 从对战到对话，人工智能发展渐入“佳”境

人工智能发展中的著名里程碑似乎都是与人类的对抗，从1997年电脑“深蓝”战胜国际象棋世界冠军卡斯帕罗夫，到2016年人工智能程序“阿尔法围棋”战胜围棋世界冠军李世石，“人机对战”总是引人瞩目的焦点。

但人类其实还渴望人工智能在另一个方向上有更大发展，那就是与人交流、为人服务。24日，中国智能机器人佳佳作为新华社特约记者与美国著名科技观察家、《连线》杂志创始人凯文·凯利等多人对话，成为“人机对话”道路上的一个重要节点。

全球首次

佳佳当天一共进行了3场对话，第一场是与凯利的“单对单”。凯利接受机器人采访的条件之一就是不控制对话内容，因此套用他那本预言科技发展的著作《失控》的书名，对机器人记者背后的团队来说，这是一场“失控”的对话。

“就我所知，这是第一次出现这样的机器人记者，”美国康奈尔大学计算机系教授巴特·塞尔曼说。

这个“第一”可从两方面理解。从内在角度，近来的一些“机器人写稿”程序只是能完成高度格式化稿件如对股市信息的报道，无法像佳佳这样与采访对象互动。从外表角度，佳佳的面貌与人高度相似，有17种复合表情，就像一个真人记者出现在采访对象眼前。

但也要承认佳佳还有一些不足，比如反应不够快。开发佳佳的

中国科学技术大学机器人实验室主任陈小平教授说，佳佳在对话中使用了语音识别、语义理解、网络搜索、最优选择等技术，对一个问题给出回答通常需要5秒钟。这是一个比较明显的延迟，加上与身在美国的凯利越洋通话时的网络延迟，导致了部分对话在时序上的混乱。

佳佳对有些问题的回答也不够好。凯利提问时采取了许多人跟美国苹果公司开发的语音助手Siri聊天的方式——先叫一句Siri来提醒程序再说话，这里是先叫一句“佳佳”。但是Siri这种方式是针对单轮对话，而佳佳的设计是可继承前面语境的多轮对话，不需要每一句都先提醒。这导致佳佳好几次将自己的名字误听为发音相近的英文单词judge（判断），从而将相关疑问句当作判断句，有些答非所问。

总的来说，佳佳的第一次采访还算可以，陈小平说：“我对佳佳这次临场表现总体打70分。”

佳佳似乎也比较自信，在聊了一会儿后问凯利：“你喜欢我吗?”凯利回答：“是的。”佳佳随即回应道：“我也这么想。”

渐入“佳”境

如果说第一场“人机对话”是顺利完成任务，那么下午第二场“人机对话”就是佳佳给出的一个惊喜。在与塞尔曼教授的对话中，佳佳提问：“你怎么证明你就是塞尔曼教授，而不是另一个机器人?”引得塞尔曼笑着给出了自己出生地的证据。

随后塞尔曼教授问佳佳：“你多大了?”佳佳回答：“女孩子的年龄是个秘密。”“你作为一个机器人有什么期待吗?”塞尔曼又问。

"我期待周五，发薪日。"佳佳种种机智好玩的回答让塞尔曼连夸不错。

在第二场对话的后半部分与德国汉堡大学多模态技术研究所所长张建伟教授对话时，对张教授一个关于太空中卫星的问题，佳佳给出了一个似乎有哲理的回答："太空可以是满的，或者也可以说是空的。"

由于机器人渐入"佳"境，晚上的第三场对话加大了测试力度，让佳佳同时与美国脸书公司人工智能专家田渊栋、新加坡国立大学计算机科学系教授徐冶、科技类新媒体"知识分子"编辑吕浩然这 3 位嘉宾群聊。结果佳佳仍然是那个可以时出妙语的佳佳，但网络带宽难以承受跨越多国的群聊，网络延迟较大地影响了对话效果。

不过，佳佳还是表现出了认真沟通的一面，对于"4 乘 25"这种问题马上回答 100，而对田渊栋抛出的"你觉得你是人类的一员吗?"这种大招，佳佳诚恳地说："真心不懂，求原谅!"

和谐共处

对田渊栋的这个问题，可能不只是佳佳需要思考。机器人究竟会有什么样的身份认同?

田渊栋曾在脸书公司做过人工智能下围棋的项目，涉及"人机对战"。他说，今后不管在哪个游戏上，计算机都最终会超过人类，但是很多时候计算机在某个方面战胜人类后，人类马上就站到更高的位置上去思考问题，"所以目前看来，计算机就算再厉害，也没办法在某些方面完全取代人类"。

但就算人类不像一些科幻作品中那样会被机器人打败，而是能一直压制机器人，那像佳佳这样高度逼真的机器人如果受到虐待又会不会引起争议呢？塞尔曼教授就表示，“我确实相信未来会有机器人权”，这样才能“让双方和谐共处”。

对于未来的情况，陈小平教授的机器人实验室中一位90后研究生陈张也许更有发言权。陈张说，等他到了“老陈”现在的年龄，希望看到的机器人是动画片《超能陆战队》中的大白那样，跟人类是好朋友。他不希望看到像近来热播的人工智能主题美剧《西部世界》中那样，机器人只是富人的玩偶，还因压迫而产生反抗意识。

要避免那种程度的“人机对战”，或许就应该从此次的“人机对话”开始，让人们通过相互问答去更好地了解人工智能，从而使人机双方一步步走向和谐共处。

7. 人工智能正成为中国经济“换道超车”新档杆

机器可以像人一样学习，甚至比人更了解自己……人工智能在世界大行其道的今天，中国的该产业正在逐步走在世界前列，人工智能将成为中国经济“换道超车”的新档杆。

29 日，阿里巴巴集团董事局主席马云在天津召开的首届世界智能大会上表示，换道才能超车，人工智能正在成为中国经济快速发展的新道路。

当前，新一轮产业革命蓬勃兴起，以人工智能为代表的重大替代技术不断涌现。随着互联网、超级计算等一系列技术的加速突破和广泛应用，人工智能正在迈入历史新阶段，这一阶段呈现出跨界融合等一系列新特征。

百度公司董事长兼首席执行官李彦宏表示，未来 30 年至 50 年，人工智能将成为推动人类历史前进的最大动力。

“2016 年全球科技巨头 AI 投资已经达到 300 亿美元，‘人工智能’一词的媒体关注度 2016 年比 2015 年增长 632%，2017 年上半年在此基础上再增长 45%，重视人工智能已经成为全球的共识。”李彦宏说。

“中国的 IT 公司始终紧跟世界人工智能发展的脚步，甚至实现领先，中国人工智能研究已经走在世界前列。”李彦宏指出。

在首届智能大会的智能科技展上，中国多家公司展示了最新的人工智能科技。在科大讯飞展台，工作人员将自己的身份证放在一台人工智能机器人上轻轻扫描，机器人便可带他前去办理暂住证等证件；上海汽车集团则展示了全新的智能房车，在房车里，语音问几个问题，就能获得附近的餐饮、娱乐等信息，全车还 24 小时通过互联网监控保障安全状态。

在人工智能的帮助下，机器越来越“聪明”，一个由来已久的担心——“机器会不会代替人类”，再次浮上人们的心头。

“每次技术革命都会淘汰一些专业人员，但也会带来很多新的就业。比如火车代替了挑夫，却也造就了一批铁路工人。人类没有必要害怕机器，机器是不可能取代人类的。”马云说。

大数据专家、牛津大学教授、《大数据时代》作者维克托·迈尔·舍恩伯格认为，在大智能时代，人与机器不应该是对立的，而应一起学习达成共识。“基于大数据可以分析出很多东西。当计算机积累了足够的大数据，应该让其掌握学习分析能力，并反馈给人类。”他说。

马云表示，在智能科技中，互联网是生产关系，大计算是生产力，大数据是生产资料。“人工智能一定会给人类带来巨大冲击，但未来人与机器并不是对立的。人与机器可以共同生存，不要让机器去做人可以做的事情，应该让机器学会人的学习能力，去做人做不了的事情。”他说。

联想控股股份有限公司董事长柳传志表示，在移动互联网应用中，中国已经站在世界前列，更为关键的是，中国企业已经有足够的实力开展未来科技布局。这体现在中国企业已经能用撒网的方式支持科技创新。

8. AI产业在中国蓬勃兴起 资本盛宴下谨防泡沫

中国知名企业华为日前宣布：已在5G、人工智能、VR/AR等前沿技术领域积极布局，致力于实现智能终端体验的跨越式提升。

近两年，中国资本激烈角逐人工智能行业。巨头抢先布局，初创公司不断进场，诸多企业将业务与人工智能挂钩。

BAT（百度、阿里巴巴、腾讯）中国互联网“三巨头”领跑人工智能，百度于2016年启动“百度大脑”项目，2017年3月牵头成立深度学习技术及应用国家工程实验室；阿里巴巴正在启动“NASA”计划，腾讯成立AI Lab（人工智能实验室）；互联网新贵滴滴、科大讯飞等深耕核心竞争领域；海尔等制造企业也加入大潮……

据统计，在2010年前，中国从事人工智能技术及服务的企业不到20家。到2016年，中国的人工智能企业有709家，涉及交通、制造、金融、医疗、教育、旅游、娱乐等领域。

业内人士分析，这样迅速增长的趋势，在近期的未来并不会减弱，还极有可能持续加速。

当前，一大批人工智能创业公司兴起，但同时也存在着同质化竞争、概念落地难、产品商业化难、投资回报率不对等、供需失衡等问题。

业内人士表示，人工智能所引领的产业集群有望成为未来经济新增长点，但关注热度导致的资本竞逐难免伴随着泡沫。尤其当人工智能被当作概念炒作，行业门槛降低，投资出现爆炸式泛滥和盲目跟风态势，缺乏实质技术性突破和市场导向时，泡沫更不可避免。

创新工场创始人李开复不久前表示，人工智能创业所需的人才、数据还有计算存储设备，都耗资不菲。“市场上做了很多伪人工智能的产品以及创造了很多伪需求，这对人工智能行业发展极其不利”。

他直言：“今天人工智能的投资和估值肯定泡沫化了。”

人工智能的发展需要技术突破，但技术的发展有一个成熟曲线，既需要资金的投入也需要较长时间的淬炼，考验投资者的能力、魄力、耐心。

业内人士一般将人工智能分为“强人工智能”和“弱人工智能”。前者指和人脑几乎完全相同的“真正的智能”，目前科技尚达不到这样的水平，研究多集中于“弱人工智能”方面，譬如语音识别和识图功能，仅在某一方面有限度地模拟了人脑的机制。

前微软亚洲研究院常务副院长芮勇认为，或许在计算、记忆领域，人工智能将超过人类的表现，但是在人类擅长的想象力、创造力领域，人工智能还没有找到打开大门的钥匙。

即便是最热门的机器人产业，前景也并不可盲目乐观，同质化竞争带来的并不是技术层面的突破。OFweek 行业研究中心统计数据显示，从盈利能力来看，机器人本体业务亏损面高达 70%。

芮勇建议，理性看待人工智能行业，一步步踏实走，“距离人工智能技术改变日常生活还需要一段时间”。

人工智能公司“神策数据”CEO 桑文锋认为，人工智能竞争是综合实力的竞争，不是某一个环节强大就行了，还要匹配服务体系、市场开拓能力、销售能力等。

在对人工智能行业有超高期望值的当下，专家建议，资本更需要理性地做出选择，排除噱头炒作，在技术层面上接轨全球，进一步拓宽现有技术应用场景，通过并购合作等方式整合提升。

此外，人工智能创业者应寻找有市场价值的产品作为技术突破点，寻找好商业模式促进技术发展与商业化成果转化；平衡基础研究、技术更迭和市场开发等环节的权重等。

即使人工智能目前的发展存在某种程度的虚假繁荣和泡沫，但其带来的该领域人才、技术等的虹吸效应，也将助推行业不断调整、前行，在全球人工智能发展和应用上创造更大价值，并对未来生活、生产产生颠覆性改变。

目前，一些人工智能技术已经进入人们的日常生活。百度将人工智能相关技术运用于外卖配送调度，银行及部分第三方支付平台采用了人脸识别技术，智能语音翻译技术“抢”起了翻译和速记员的饭碗。

与百姓生活息息相关的电商行业物流系统，也在自动化智能化方面取得进展。近日，一段申通机器人系统分拣视频在网上“火”了，350个“穿戴”托盘的橙色机器人在地面有序穿梭，将一件件包裹运送到指定位置。据说，该系统可减少70%人工，已在义乌、天津、临沂三地的申通快递公司启用。

“找应用点，要落地。”人工智能公司“第四范式”CEO戴文渊看好医疗领域的机会，“如果能用人工智能给人拍片子，体检时癌症筛查成本大幅下降，可以让更多人更早发现疾病。”

第三章 人工智能+智慧医疗

有医生认为，人工智能是很好的工具，他可以帮助医生更快速有效的诊断和治疗患者，比如在病理诊断、影像比对等方面。未来，可能只有一些顶尖医生可以跟人工智能媲美，而大部分医生达不到这个结果。人工智能系统通过大数据存储和分析，可以轻松完成这个过程。

1. 人工智能“亲近”智慧医疗

2017 年 7 月，国务院发布《新一代人工智能发展规划》，明确将人工智能作为未来国家重要的发展战略，其中在“发展便捷高效的智能服务”中，智慧医疗赫然在列。而在近期，医疗市场上频频出现人工智能的身影，多个医疗类新产品打上了人工智能的标签。不过，对于“人工智能+医疗”能够产生的化学反应，业内看法并不一致，二者最终能够擦出怎样的火花，仍需时间的检验。

人工智能落地医疗市场

人工智能越来越火，记者发现，在医疗领域，一些诊断、筛查类的产品被打上人工智能的标签，这类产品多是通过大数据分析等，实现对患者更精确、更快速地病例分析与判断。

8月7日，医拍智能（原名“拍医拍”）宣布完成数千万元A＋轮融资，其业务范围也进行了拓宽，由原有的医疗单据拍照识别拓展到CT、X光等医疗影像的识别与诊断，正式进军人工智能医疗影像行业。

爱康集团与百洋智能科技也于近日正式达成战略合作，引入IBM Watson for Oncology（沃森肿瘤）认知计算解决方案，双方将在爱康集团旗下108家体检与医疗中心合作建设“沃森智能肿瘤会诊中心”。

据悉，Watson是IBM研发的人工智能系统，具有认知计算能力和学习能力。从2011年开始在美国规模最大的癌症中心纪念斯隆凯特琳肿瘤中心接受培训，学习了超过300种医学期刊、250本以上的医学书籍及超过1500万页的资料和临床研究。制定的治疗方案与知名医院医学专家的治疗方案“有90％的符合度”。

同样在近日，四川大学华西医院与四川希氏异构医疗科技有限公司联合成立华西—希氏医学人工智能研发中心，并通过该中心开展系统性的医学人工智能研发、转化、应用和推广。

通过手机云端传输，将一组胃镜图像上传，不到10秒钟，就准确地筛出息肉、新生物（胃癌）和静脉曲张3种消化内镜检查常见结果，诊断准确率均超过90％，这是该研发中心从今年4月筹建至今取得的初步研究成果。

互联网巨头自然不会错失机会。近日，腾讯觅影正式面世，这是腾讯公司首个应用在医学领域的人工智能产品。据介绍，腾讯觅影聚合了腾讯公司内部包括 AI Lab、优图实验室、架构平台部等多个顶尖人工智能团队，把图像识别、深度学习等领先的技术与医学跨界融合，目前主要应用于食管癌早期筛查。

应用前景被广泛看好

爱康国宾董事长张黎刚表示，人工智能产品可以根据已经确诊癌症患者的 CT 影像来建立自我学习的模型，之后判断各种结节 90％的可能性是肺癌，还是 10％的可能性是肺癌，或者不是肺癌。所以，人工智能在影像识别层面可以发挥自己的价值。

“通过人工智能，通过精准医学，可以改变传统医疗模式无法做到的东西。”对于人工智能在智慧医疗领域的未来，张黎刚显得更有信心。

百洋医药集团董事长付钢认为，目前国内优质医疗资源紧张，许多地方患者采用的肿瘤治疗方案不够规范。而人工智能可以基于患者个人的行为习惯、心理因素、过往病史、基因等信息产生更多的思考，并通过对海量数据进行分析，早期筛查出肿瘤踪迹并对肿瘤治疗提供更精准的建议。

百度 CEO 李彦宏指出，随着人工智能时代的来临，在医疗的很多层面都可以产生影响。未来，百度希望人工智能技术进入医疗，以及参与到更具上游价值的基因检测和新药研发的方向中。

有医生认为，人工智能是很好的工具，他可以帮助医生更快速有效的诊断和治疗患者，比如在病理诊断、影像比对等方面。未来，可能只有一些顶尖医生可以跟人工智能媲美，而大部分医生达不到这个结果。人工智能系统通过大数据存储和分析，可以轻松完成这个过程。

行业内的公开数据显示，在中国，每年有大量的医疗诊断依赖影像信息，但影像科医生的数量增长非常低。这一问题导致了医生的超负荷工作和出错概率的增加，甚至会漏掉原本可以发现的一些早期病症。人工智能恰好可以弥补这一不足。

有效落地尚需破除障碍

政策影响下，人工智能显然是各行各业的发展趋势，但未来是否真的能够改变甚至颠覆传统医疗模式，只能拭目以待，更多专家的观点是，人工智能带来的医疗模式的改变刚刚开始。

不过，也有业内专家对人工智能应用不抱乐观态度。“医疗＋人工智能”能否如期得到结果，还面临着很大的考验，目前看来，这种模式还潜藏着一些障碍等待破除。

今年年初，有消息传出，IBM 旗下负责人工智能研发的沃森医疗，与德克萨斯大学 MD 安德森癌症中心合作多年、投入巨资的“人工智能癌症诊断专家”的项目宣告“破产”。

相关报道道出了此次“破产”的原因，来自德克萨斯大学审计机构的一份报告指出，安德森癌症中心已经花费了 6200 万美元用于此项目，但尚未实现目标。审计记录显示项目重点更换了数次，第一次重点研究白血病，然后是另一个病种，接下来又是其他病种，最后进展甚微。

不过，也有一些专家认为，此次合作终结的根本原因在于“太烧钱”，庞大的管理成本让投资方无法持续下去。不管怎样，这些都印证了人工智能应用市场的时间、经济成本不菲。

也有医生认为，临床医生需要在试用中逐步建立对人工智能的信任感，才能实现后期良好的人机协作，这一点对人工智能产品的服务质量提出了较高的要求，前期需要和各大医院合作，投入大量时间和资金。

尽管如此，更多观点依然指向广阔的市场，未来人工智能在医疗行业的布局会持续火热，当下众企业围绕市场的布局也印证了这一点。同时，在利好政策的驱动下，人工智能对传统医疗模式的改变值得期待，或许，这仅仅是一个时间问题。

2. 人工智能悄然改写传统医疗

“计算机手术辅助系统或将成为未来疑难手术的标配。”海信医疗研发部副部长、数字影像所所长陈永健在接受记者采访时表示。业内认为，相比语音识别应用、无人驾驶等领域都可以预见到人工智能的“大爆发”趋势，人工智能在健康医疗领域前景广阔。

据陈永健介绍，海信医疗利用人工智能技术，为医生提供外脑支持，解决“怎样做”的问题，能够有效提高诊断效率和手术成功率。如过去手术根治率只有5%的肝门部肿瘤，借助人工智能技术，目前已达到70%的根治可能性。目前，计算机辅助手术系统已在多家医院应用，辅佐医生完成1000多例疑难病症。

近日，另一家提供医学影像分析的企业Airdoc亮相微软Build2017开发者大会，受到市场关注。据了解，其技术可识别检测分析眼部、皮肤、脑部、心血管到肺部、骨骼、乳腺等区域，提供临床决策支持，做医生的“听诊器”和“资料库”。

此外，业务覆盖近万家医院的百洋医药集团董事长付钢说，百洋与IBM Watson Health（沃森健康）签署战略合作协议，获得后者应用型产品“沃森肿瘤”在中国市场3年的分销权，帮助医生为患者提供更为精准和个性化的医疗解决方案。

对于中国的企业和医疗机构而言，发展医学人工智能有着非常明显的优势：去年在浙江乌镇发布的《全球人工智能发展报告2016》显示，中国人工智能专利申请数累计达到15745项，列世界第二；人工智能领域投资达146笔，列世界第三。

嗅觉灵敏的创新企业当然不会错过这个机遇。去年10月，百度医疗大脑在北京发布，成为百度人工智能在医疗领域内的最新成果。今年3月，浙江大学宣布成立睿医人工智能研究中心，并得到互联网医疗平台微医集团一亿元人民币的捐赠支持。近日，从事人工智能创新性研究的依图，完成由高瓴资本集团领投，云锋基金、红杉资本、高榕资本、真格基金跟投的3.8亿元C轮融资。

方正证券研报指出，医疗对于人工智能具有强烈的潜在需求。人工智能将对医疗领域产生颠覆性的改造，长期看有望从技术层面帮助解决国内医疗资源分配不均、基层医疗薄弱、医疗成本高企、医保控费压力大等问题。目前，全球人工智能＋医疗“基础＋技术＋应用”比较完整的产业结构已形成，大公司逐步完善在技术壁垒较高的基础层和技术层的布局，创业公司扎堆应用层面，形成遍地开花的良好局面。

大数据平台火石创造CEO杨红飞表示，医学影像人工智能的演进，第一是提供分析，充当医生的眼睛去使用；第二为社会厂商提供算法模型，使得影像设备更智能化；第三为影像云提供影像智能分析能力及服务；第四为医药研发企业提供药效分析；第五为保险机构提供影像数据降低它的风险，大数据＋人工智能是未来医疗发展的方向。

“目前，我国影像人工智能企业23家，但还都处于相对早期阶段。”杨红飞说，一方面因为我国医院信息化建设晚，导致之前影像数据不可用，另一方面因为影像智能分析行业存在医学知识、影像处理、大数据分析等技术壁垒，需要一定时间做技术储备。

今年2月，中国国家卫计委发布了四项医疗领域应用人工智能的规范标准，从政策层面支持人工智能在辅助诊断和治疗技术等应用领域的发展。中国非公立医疗机构协会常务副会长郝德明认为，这将为人工智能在医疗服务中的规模化应用提供政策支持。

3. AI 时代医疗如何释放智能因子？

人工智能时代，人们需要重新想象每个行业。毫无疑问，医疗行业也位列其中，而且备受期待，这也是 2017 年夏季达沃斯论坛广受瞩目的热点。

基因移植实现跨物种生殖、改造电鳗成为人体器官……在 2017 年夏季达沃斯会场，AI（人工智能）与医学科技联姻，呈现了一个个大开脑洞的构想。工作人员介绍，虽然目前这些设想停留在实验室阶段，但已有相关理论支持，在可以预见的未来可能变成现实。

走出“预见性”的科幻梦境，AI 介入现实医疗，在医疗检测、诊断仪器、生物制药等领域实现的技术革新，也成为与会专家的探讨话题。专家认为，临床诊疗手段革新带来的改变，优化了医疗体系，让诊疗变得更加舒适、有效和超前。

电影《超能陆战队》中“萌萌哒”的医疗机器人大白，已从遥远的未来幻想，逐渐走到你的实际身边。

“数据驱动的诊断支持、流行病识别、包括放射学和病理学在内的影像诊断，是 AI 在医疗领域最有潜力的三个区块。”普华永道全球人工智能主管合伙人安纳德·拉奥表示，AI 在医疗领域发挥效力，不仅可以提高患者的就医感受，使诊断增加精准高效，还有助于纵向和横向比较相关病史材料，制定个性化治疗方案。

一份来自全球企业增长咨询公司弗若斯特·沙利文咨询公司 2016 年的研究报告显示，到 2021 年，医疗保健行业的 AI 市场预计将达到 66 亿美元，增长率为 40％。

“对于疾病预防和预警，AI 技术可以辅助早期诊断。从长远来看，未来还可以实现基于虚拟现实的药物研发和测试，甚至可以有机器人医生开方诊断、制订治疗方案的情况。”安纳德·拉奥说。

“不过，人工智能想在医疗领域发挥更大的作用，还需要解决好大数据问题。”清华大学医学院教授鲁白表示，目前质高、量大的大数据在医疗领域还没有实现应用。如果大数据层面可以解决，AI 则可发挥更大效力。

AI 的涉足地，除了“硬”医疗，还有“软”健康。在 2017 年夏季达沃斯，波士顿咨询公司和阿里研究院联合发布的《中国消费新趋势》报告显示，在健康医疗领域，智能化应用已经有迹象从过去专注医疗器械专业领域，走向日常生活，渗透家庭健康护理。

根据阿里零售平台数据，2016 年智能操控商品成交件数增加了 14.6 倍，其中智能体脂秤商品成交件数增加 4.3 倍，智能血糖仪成交人数接近 2015 年的 2 倍。

在中国健康产业迎来历史性机遇的风口，智慧医疗概念的注入，也为整个领域提振了更多科技动力。医疗卫生“十三五”规划明确表示，医疗行业要利用现代化信息手段推动改革，提供安全、有效、方便、价廉的基本卫生服务。

在 AI 前景下，几十万台服务器的运算能力和最先进的算法，运用到医疗和健康领域，将为中国和世界带来一场创新性革命。鲁白表示，AI 在医疗领域的应用分三个层面，挂号、配药、付费所在的第一层面，将很快可以实现相关突破。“与此同时，如果病人个人信息归属的立法可以尽快通过，电子病历也可以实现。”

“在诊断层面，如果未来有了大数据基础，AI 诊断一定会比医生准确。对于治疗层面，目前临床实验数据还掌握在各自药厂手里，没有彼此分享。但如果以后人工智能有所改进，从依赖于百万大数据改进为基于万级关联小数据分析，也有可能发展出新的算法，解决这个问题。”鲁白说。

4. 人工智能“自学”预测心脏病发作

医生有很多工具和方法预测患者的健康隐患，但仍无法百分百应对人体的复杂性，心脏病发作就是最难预测的情况之一。英国研究人员最新报告说，他们研发了一种人工智能系统，让计算机通过“自学”各种医学指征和数据来预测患者的心脏病发病风险，准确率高于人类医生。

美国心脏病协会的统计数据显示，全球每年有近 2000 万人死于心梗、中风、血管堵塞等心血管系统疾病。包括美国心脏病协会在内的很多机构使用年龄、胆固醇水平、血压等 8 到 10 项指标来预测患者的心脏病发作风险。

英国诺丁汉大学研究人员在美国《科学公共图书馆·综合》杂志上报告说，影响人体健康的因素很多，人体各系统的相互作用也十分复杂，计算机科学可以帮助医务人员探索这些因素之间的关联。在他们开发的人工智能系统中，计算机使用了 4 种机器学习方法，分析英国近 38 万名患者的电子医疗记录，寻找心脏病发病模式。

据介绍，人工智能系统首先进行自我训练，使用 78%的患者数据来寻找发病模式并构建自己的诊断指导系统。接下来，系统用剩余 22%的医疗记录对自己进行测试：先用 2005 年的数据进行学习归纳，然后预测此后 10 年内哪些患者会首次患上心血管疾病，最后使用 2015 年的记录检查预测结果。

结果显示，4 种机器学习方法预测心脏病发作的准确率全部优于传统医生诊断标准。美国心脏病协会预测指导方针的准确率在 72.8%，而 4 种人工智能方法的精确度在 74.5%到 76.4%之间。

其中准确率最高的一种机器学习方法还降低了一定的错误预警率，相当于在8.3万名患者中额外挽救了355人的生命，因为错误预警诊断可能会让本不需要服用降低胆固醇药物的人服药，滥用药物同样对人体有害。

此外，与美国心脏病协会的指导方针不同，这个人工智能系统综合考虑了超过22个因素。被人工智能系统认定为心脏病发作高危因素的严重神经疾病、口服皮质类固醇等因素都没有在美国心脏病协会的指导方针中。而美国心脏病协会推荐将糖尿病作为预测心脏病发作的高风险因素之一，但4种机器学习算法都排除了这一风险因素。

研究人员表示，他们计划接下来让机器学习算法涵盖生活方式和遗传等因素，进一步提高预测的精确度，更好地帮助医务人员预测患者心脏病发作风险。

5. 人工智能“眼睛毒”“照片查癌”不是梦

借助人工智能技术，日本研究人员开发出一种快速诊断皮肤癌的新方法，能通过皮肤照片立即判断是否患癌，准确率高达 90%。

《日本经济新闻》7 月 26 日报道说，这项研究由京瓷公司和筑波大学合作完成。研究人员收集了 4000 张与皮肤病变相关图片，让人工智能系统通过深度学习掌握皮肤癌特征。使用时，医生只需上传皮肤照片，系统就能自动判断是否患癌。

研究人员介绍，人工智能系统仅凭照片就能初步诊断皮肤癌，有助于癌症的早期诊断。这一技术特别适用于异地诊断，为专业医生短缺地区的居民提供帮助。京瓷公司计划 2019 年度向医院销售相关诊断设备。

人工智能技术在医疗领域的应用正不断扩大，日本多家研究机构以及日立公司、奥林巴斯公司等企业都在积极利用人工智能开发疾病诊断新技术。东京大学研究人员曾使用美国国际商用机器公司研发的“沃森”人工智能系统诊断出一种很难判断的白血病类型，诊断过程仅需 10 分钟。

6. 人工智能诊断算法有望用于识别皮肤癌

除了吸引公众目光的围棋人机大战，人工智能的应用正扩展到多个领域。一个研究团队在新一期英国《自然》杂志上报告说，人工智能诊断算法不但能像皮肤科医生一样对皮肤癌进行初步识别，未来与智能手机等移动设备结合后，或许还能使普通人无须踏进医院就能对疑似病变进行扫描识别。

皮肤癌是否及时得到治疗，对病人的存活率影响非常大。目前在诊断皮肤癌时，医生通常会先使用皮肤镜来观察患者皮肤的病变处。如果无法确认，那么就要进行活体组织检查。

由美国斯坦福大学研究人员领衔的团队利用深度学习技术训练谷歌公司开发的一项人工智能程序，让它利用图像去分类并识别皮肤病变处属于良性还是恶性。

首先，研究人员收集了近 13 万张与皮肤病变相关的图像来“训练”人工智能程序，然后在实际测试过程中，使用了经活体组织检查确认的高质量病变图像，而它们都是由英国爱丁堡大学及其他专业机构提供。

研究人员让这个“接受了医学培训”的人工智能程序与 21 名皮肤科医生进行皮肤癌识别结果对比，两者的表现基本处在同一水平上。不过，目前人工智能程序还无法做到完全确诊皮肤癌。

研究人员认为，将这一人工智能程序与智能手机等移动设备整合并不难，下一步需要在现实的医疗环境中对它进行更深入测试。未来如果技术成熟，移动设备上的人工智能程序不但有助医生提升诊断效率，病人在检测自身皮肤病变上也会有更多选择。

7. 医学人工智能在中国渐成燎原之势

今年两会期间，人工智能首次被写入政府工作报告，引起各方广泛关注。如果说今年年初“MASTER”账号在围棋对战平台上横扫中日韩高手，证明了人工智能技术的巨大潜力的话，那么未来在人口加速老龄化的中国，医疗健康有望成为人工智能的一个热门应用领域。

人工智能助患者早日“有药可医”

一家三甲医院的实验室里，从手术室取下病患组织正等待医生制成蜡片，再放在显微镜下观察，看有没有、是什么肿瘤细胞，这个看起来复杂的工作，以后可能被人工智能（AI）替代。

“AI将成为医生智力的延伸和助手。”业务覆盖近万家医院的百洋医药集团董事长付钢说。3月28日，百洋与IBM Watson Health（沃森健康）签署战略合作协议，获得后者应用型产品“沃森肿瘤”在中国市场3年的分销权，帮助医生为患者提供更为精准和个性化的医疗解决方案。

据了解，IBM沃森技术能够读懂12种语言并且有很强的学习能力，甚至通过了相当于美国执业医师资格评定标准的考试。“沃森肿瘤”已学习并存储美国几十家医疗机构的大量肿瘤病例，覆盖肺癌、乳腺癌、直肠癌等，预计2017年将逐步扩展到8种至12种肿瘤领域。

“中国的肿瘤疾病发展趋势不容乐观，引入沃森后，将帮助患者拟定一个基于自身情况的治疗方案，而不是千篇一律的常规治疗步骤。”付钢说，当然会保护个人隐私，医生在使用过程中需对患者信息进行处理，比如数据脱敏，防止身份泄漏。

其实，用人工智能技术来识别、诊断肿瘤，已逐步变为现实：近日，来自谷歌的科学家尝试把乳腺癌的切片图像分割成数十万个像素小区域。随后，他们提供了许多肿瘤组织与正常组织的病理切片，供人工智能学习并掌握其中的像素级区分技巧。最后，科学家请来病理学家与人工智能进行“读片”比赛，结果是人工智能的准确率超过病理学家。

除了诊断，美国药品研究与制造商协会高级副总裁布莱恩说：“人工智能对促进新药发现非常有用，它给患者和医院一个极大提升治疗效用的可能性，从治疗到治愈的阶段转化过程中，行业正经历着令人激动的变化。”

上海罗氏制药有限公司总经理周虹告诉记者，罗氏过去两年间入股了一家基因检测公司，合作了一家数据分析公司，通过庞大的信息让新药研发的方向更加明确。

人工智能不断升温

对于中国的企业和医疗机构而言，发展医学人工智能有着非常明显的优势：去年在浙江乌镇发布的《全球人工智能发展报告2016》显示，中国人工智能专利申请数累计达到15745项，列世界第二；人工智能领域投资达146笔，列世界第三。

嗅觉灵敏的创新企业当然不会错过这个机遇。去年10月，百度医疗大脑在北京发布，成为百度人工智能在医疗领域内的最新成果。今年3月，浙江大学宣布成立睿医人工智能研究中心，并得到互联网医疗平台微医集团一亿元人民币的捐赠支持。

中国的医疗主管部门也注意到了这种趋势。今年 2 月，中国国家卫计委发布了四项医疗领域应用人工智能的规范标准，从政策层面支持人工智能在辅助诊断和治疗技术等应用领域的发展。

中国非公立医疗机构协会常务副会长郝德明认为，这将为人工智能在医疗服务中的规模化应用提供政策支持。另外，人工智能系统的引进，还将大大提升医生诊疗水平和服务效率，通过培养一批擅长使用智能工具的医务人员，解决我国当前医护人才紧缺的现状。

相比语音识别应用、无人驾驶等领域都可以预见到人工智能的“大爆发”趋势，业内普遍认为，人工智能在健康医疗领域亦是前景广阔。

面临巨大人才缺口

当前人工智能技术的迅速发展，得益于三个领域的进步：强大的计算能力、合理的优化算法和高质量的大数据。要让机器像人类那样思考，就必须“喂”给它大数据，希望它能从中找出规律。中国庞大的人口基数以及在基因组学、影像学和临床领域积累的大数据，是医学人工智能发展最可依赖的资源之一。

“中国可以成立国家级的医学人工智能工程中心，由国内在医学、药学、信息技术专业具备一流水平的综合性高等院校牵头，吸引大数据应用企业、人工智能开发企业、药品研发企业等共同参与，加速研发中国版的‘沃森’系统。”在今年两会的一份提案中，复星集团董事长郭广昌写到。

在 29 日复星医药业绩发布会上，人工智能再次被提及。复星医药总裁吴以芳表示，将紧盯在人工智能等前沿科技方面的布局。在人类基因组和人工智能技术的驱动下，医疗产业会发生巨大变化，而创新将可能给中国医疗产业带来 5 年至 10 年跳板式的发展机会。

要做到这一点，人才可能是一个障碍。统计显示，中国只有不到 25％的人工智能从业者拥有超过 10 年的行业经验，而在美国这一比例为 50％。

对此，麦肯锡的报告指出，中国面临巨大的人工智能人才缺口。政府需要大力气投资人工智能相关的教育和研究项目，同时在全球范围内集聚顶尖人才。

8. 医学人工智能在中国方兴未艾

一家三甲医院的实验室里，从手术室取下的病患组织正等待医生制成蜡片，再放在显微镜下观察，分析肿瘤细胞的可能性——这个看上去专业门槛较高的工作，在中国以后有望被医学人工智能替代。

业务覆盖近万家医院的百洋医药集团，近日宣布与 IBM 沃森健康签署战略合作协议，获得后者应用型产品“沃森肿瘤”在中国市场三年的分销权。该人工智能产品可帮助医生，为患者提供更为精准和个性化的医疗解决方案。

“假以时日，人工智能将成为医生智力的延伸和助手。”百洋医药集团董事长付钢认为，随着人均可支配收入的增加，以及人口老龄化的趋势，人工智能在中国医疗健康领域的市场需求将出现快速增长。

今年 2 月，中国国家卫计委发布了四项医疗领域应用人工智能的规范标准，从政策层面支持人工智能在辅助诊断和治疗技术等应用领域的发展。两会期间，人工智能还被写入中国的政府工作报告，引起各方广泛关注。

中国医院协会常务副会长薛晓林表示，随着技术的推广和应用，将催生一批善于运用人工智能的医疗机构和医生。这不仅可以缓解中国医护人才较为短缺的现状，还将在一定程度避免误诊和过度医疗等现象的发生。

对于中国的企业和医疗机构而言，发展医学人工智能有着显著的优势：去年在浙江乌镇发布的《全球人工智能发展报告 2016》显示，中国人工智能专利申请数累计达到 15745 项，列世界第二；

人工智能领域投资达146笔，列世界第三。

也正是基于现有人工智能领域的优势和医学人工智能发展的可观前景，中国一些创新企业正在该领域不断布局。去年10月，百度医疗大脑在北京发布，成为百度人工智能在医疗领域内的最新成果。今年3月，浙江大学宣布成立睿医人工智能研究中心，并得到互联网医疗平台微医集团1亿元人民币的捐赠支持。

此外，人工智能技术发展需要有强大的计算能力、合理的优化算法和高质量的大数据为支撑。中国庞大的人口基数，以及在基因组学、影像学和临床领域积累的大数据，是医学人工智能发展最可依赖的资源之一。

分析人士表示，在发展过程中，相关领域的人才培养和储备也是关键因素。统计显示，中国只有不到25%的人工智能从业者拥有超过10年的行业经验，而在美国这一比例为50%。对此，麦肯锡的报告指出，中国未来可加强人工智能相关教育和研究项目的投资和支持，同时在全球范围内集聚顶尖人才。

第四章 人工智能+教育变革

互联网给教育消费带来巨大变革，从在线教育、MOOC到教育直播，随着近几年科技快速发展，机器人、VR和AR技术出现给教育消费带来新局面。

1. 老师眼里的“人工智能”

“这真是一个很好的‘智能助教’，既能帮忙批改作业、做试卷分析等教学工作，还能不断提供新的教学资源。”胡宏炜指着手中的平板电脑高兴地说，传统的课堂因为有了人工智能而变得更加智慧。

在贵州省清镇市第一中学，记者走进胡宏炜的课堂，他正在给学生讲解几何学知识。教室里除了传统的讲桌、黑板外，还配备了包括电脑、投影仪、移动大屏幕等教育信息化硬件设施。

记者看到，在他和学生们的手中，每人还拿着一台作业本大小的平板电脑，课堂上画图演示、提问、随堂测试等大量教学活动都能在这荧屏方寸之间完成，45分钟的教学活动开展得高效而活泼。

课堂上，当胡宏炜用平板电脑发出“提问指令”时，学生手中的平板电脑屏幕上瞬间呈现出抢答器的画面，只见学生争分夺秒按下“抢答键”，课堂犹如激烈的竞赛现场。

而随堂练习时，平板电脑又变身“习题册”，学生们能在上面作答。随后，这本“习题册”还能立马批改给出评判，并自动分析教学成果，学生对知识的掌握情况一目了然。

据了解，课堂上这一套人工智能技术的运用不仅扩展了原有教育部门信息化多媒体平台的功能，还打通了该平台相对独立封闭的应用模块，能系统性地对师生上课时的教学过程化数据实时采集并沉淀，进行“自动学习”后为师生“画像”，从而提供个性化教学方案。

创造这个“人工智能助教”的是科大讯飞公司，该公司讯飞研究院副院长王士进说，当前业界对人工智能并没有统一的界定，但大都认为需满足3个条件的综合运用：海量的大数据、“深度学习”算法及云平台等强大计算能力，而公司研发的这套智慧教育系列产品正是这些要素综合运用的具体展现，正推动着我国传统教育从信息化向智能化跨越。

当然，作为一名普通的中学教师，胡宏炜对这些专业的人工智能知识可谓知之甚少。但在近半年来与人工智能“打交道”的过程中，信息化、智能化发展给教育带来的深刻变革，却让他感触颇深。

拿批改作业、试卷举例，胡宏炜说，现在负责3个班级的教学，平均每个班有60多人，过去单靠人力批改作业本就要花费近一个上午的时间，工作效率不高。但现在有“智能助教”帮忙，客观题全部交给它了，甚至批改如英语、语文等学科的词句拼写等部分主观题也能由它“代劳”批改，课堂教学越来越智能化。

“有了‘智能助教’帮忙，老师能逐渐从以往大量的机械教学活动中‘解放’出来，把更多精力和时间投入教学创作和学生辅导。”胡宏炜说，在课堂上，智能机器和人之间形成互补，能够更好地服务教学。

然而，在享受人工智能带来便利的同时，胡宏炜也感到了智能变革下的压力。“要掌握智能设备，我们必须学习更多新知识和新技能，同时受技术影响，很多传统教学模式和理念正在被‘颠覆’，存在转型‘阵痛’。”胡宏炜有些忧虑地说。

而胡宏炜看到的变化，只是当前人工智能深入教育这一具体行业应用的缩影。包括医疗、交通等社会各行各业都正在被智能化改变，无人驾驶、语音识别、智能红绿灯、智能家居等人工智能产品已逐渐在为更多人服务。

目前正在贵州省贵阳市召开的2017中国国际大数据产业博览会上，不少专家对人工智能也展开了热议：今后，人工智能将更充分释放和挖掘大数据的价值，进一步推动关联技术和新兴技术、新兴产业的深度融合，成为经济结构转型的新支点，一个全新的“人工智能+”时代正在到来。

“人工智能虽已走过60年了，但其在社会各行业中的深入应用才刚开始，必将给全球经济社会发展带来巨大变革。”参会的科大讯飞执行总裁胡郁说，未来某些工作会被人工智能替代，造成失业，但也会催生新的业态，增加就业机会。

2. 人工智能＋互联网：教育消费加速升级

互联网给教育消费带来巨大变革，从在线教育、MOOC 到教育直播，随着近几年科技快速发展，机器人、VR 和 AR 技术出现给教育消费带来新局面。“我家这款智能机器人不仅能够陪伴孩子，还能通过语音技术对孩子进行早期教育。”北京工作的刘女士对记者表示。

构建虚拟教育场景

9 月 1 日，京东众筹平台引入乐迪机器人，后者由奥睿智能科技和图灵机器人共同打造，奥飞娱乐集团 IP 授权。10 月初，经过一个月时间，乐迪机器人获得近 1300 万元众筹款，在国内众筹机器人品类中位列先位。

业内人士认为，今年儿童智能陪伴机器人呈井喷式爆发，有关产品和品牌逐渐增多。主要原因是消费升级背景下，早期教育市场中，以 80 后为主的家长对于虚拟教育场景产品消费认可。刘女士表示：“在互联网场景下，人工智能机器人几乎‘无所不能’，比如唱歌、跳舞、讲故事等，而且也可以随身携带，进行离线模式。有位媒体圈的母亲表示：‘他现在是我娃的好朋友，看见他就笑开花’。”

“革新家长育儿观念，开拓孩子成长视野。”业内人士表示，早期儿童教育专属机器人，是当下育儿界最智能、最潮流的育儿方式，也是 STEAM 教育充分体现。“要用孩子喜欢、乐于接受的方式陪伴他们成长，才是最好的关爱！”

图灵机器人相关人士介绍，搭载着由图灵机器人研发机器人操作系统 Turing OS 乐迪操作系统具有多模态，能模仿人类感情和思维且可以实现自主学习升级。通俗点说，像人一样思考，甚至在某些方面超过人类。同时，Turing OS 强大自主学习功能，还赋予乐迪机器人不断学习、升级能力。

教育消费加速升级

未来工场首席产品官王凯峰认为，AI 教育是未来发展趋势。“在过去 5 年中人工智能年复合增长率是 57%，全球人工智能在未来 5 年会保持每年 55%增长速度。之前我们的技术总是落后于美国和其他先进国家，但在 2012 年我们的专利已超过美国成为全球第一。”

“整个行业资金在发生变化，现在基于深度学习人工智能技术背后依赖于更多的数据、更好的性能和更优秀的算法，其原因来自计算能力提高和成本下降。全球数据也在不断上升，所以更多数据、更低成本和更快性能会给我们带来更强的人工智能。”王峰称。

中国就业促进会副会长陈宇分析，在“互联网+”趋势下，中国产业升级加速，教育培训产品随之更新换代以适应发展。事实上，近年来家长对于智能化教育消费接受度越来越高，机器人、VR 和 AR 技术的出现给教育消费带来新局面。“整个科技教育发展和背后这些技术有很大关系，标志事件是今年 3 月份 Alpha-Go 战胜李世石，这是人工智能里程碑事件，Google 预测在 2029 年，人工智能大脑会超越人类智能。未来会有越来越多技术进入教育行业。”王凯峰说。华育国际董事长张大力认为，在教育产业升级和消费升级双重趋势下，应当从以往“分析用户需求”转变为“引导用户需求”，借力发展。

3. AI“冲击波”来临，未来我们该如何教育孩子

“六一”儿童节前夕，阿尔法狗战胜围棋“世界冠军”柯洁的消息，再次引发人们关注人工智能对教育的冲击。

“新华视点”记者调查发现，在我国，人工智能在课堂教学、在线学习、家教辅导等教育中的应用越来越广泛，并带来高达千亿元的市场。未来我们该如何教育孩子成为热点话题。

人工智能正悄然引发一场“教育革命”

人工智能在课堂教学上的应用越来越多。从去年 9 月起，北京市第十二中学高中部的两个班级率先尝试人工智能教学，任课教师和学生人手一台人工智能教学平板电脑。

该校高二年级化学教师赵虹华说：“平板设置有电子白板、拍照上传、实物展台等多种功能。课堂上，教师不需要在电脑 PPT 和投影仪之间来回切换。这更加符合教学的思维过程。”今年秋季学期该校将继续扩大使用范围。

北京青苗国际学校二年级学生苏溪，很多时候就是依靠 iPad 的智能教学软件学习，而不再是一本本的教科书。

“这个很好玩。你看，我点一下食物，送到嘴里，就可以看到食物是怎么顺着我的食道到胃里面，然后到小肠，慢慢被分解吸收，最后剩下的部分从大肠排出。”苏溪指着手持 iPad 说。

记者看到，在 iPad 上，人体消化系统以一种动态的形式，直观展示了消化过程，系统中每个器官都有英文单词标注。

在线教育则是人工智能应用更为深广的领域。借助人工智能和

大数据，各种新的在线教育平台方兴未艾。免费大型公开在线课程项目 Coursera 宣布，将推出以“自适应学习”为核心的 3.0 版本。

据科大讯飞股份有限公司介绍，该公司承建的在线教育项目——新疆基础教育资源公共服务平台，已有 26.4 万教师实名注册，上传资源超过 107 万条，下载资源条数超过 1000 万条。

“人工智能已开始颠覆传统的教学、育人方式，正在引起一场革命。”电子科技大学机器人研究中心执行主任程洪说。

深度学习模式开启，取代教师还是让教师更优秀？

目前，人工智能在教育领域的应用技术主要包括图像识别、语音识别、人机交互等，应用主要集中在家教辅导、在线学习、课堂教学等方面。专家认为，“人工智能＋教育”将重塑教育行业。

“比如，时下流行的 MOOC（慕课）、网班解决了教育资源的稀缺性问题；而‘翻转课堂’则改变了以老师为中心的课堂，重构了教学结构。不远的将来，大学生在校园的时间会减少，他们可以在线完成课程学习及考试，甚至很多时间不必待在学校。”程洪说。

人工智能实现了从“先教后学”转向“先学后教”，有助于解决教学缺陷。燕翔说，通过大数据的采集和分析，发现很多学校的缺陷是固定的，这意味着教师方面有模式化的不当教学问题。上海闵行区的学校正在试点“录播评课研训一体化系统”，通过视频对整个课程进行数据采集的分析，包括学生举手率、抬头率以及教师的行为方式等等，针对目标缺陷改进教学。

人工智能还可实现随时互动，避免重复劳动。程洪说，智能系统不仅能将教师从批改试卷等重复性劳动中解放出来，还可实现课堂和课下的全时互动。智能系统会将学生做题的数据回传数据库，教师能从中了解学生对知识点的掌握情况，避免重复讲解。

“人工智能是辅助工具，其使命不是取代教师，而是让教师腾出更多的时间和精力，创新教育内容、改革教学方法，把教育做得更好。”科大讯飞股份有限公司高级副总裁杜兰说。

“人工智能时代不可逆转地到来，未来信息化将从支撑教学，转为与教学深度融合。只要有利于教育教学，我们都乐于去尝试。”北京市十二中教育集团校长李有毅说。

业内人士认为，在教育领域，人工智能目前所处的阶段还很初级。学籍等结构化的数据还在打通，非结构化的数据比如基于学生行为的数据采集还刚刚起步，只有足够大的样本量，才能支撑人工智能优化。

不过，还有一些教育工作者坚信，传统教育方式仍不可替代。在赵虹华看来，面对面教授过程中所包含的师生情感互动，是微课和网络答疑不具备的，教师有时候通过观察学生的表情获得反馈，学生也从老师的表扬或批评中得到情感支撑。

靠记忆和模仿的教育方式将被淘汰，未来要实现差异化、个性化、精准化

在2017中国国际大数据产业博览会上，阿里巴巴集团董事局主席马云认为，如果继续以前的教学方法，三十年后孩子们将竞争不过机器，找不到工作。过去一百年是知识的时代、科技的时代，未来一百年是体验的时代、是服务的时代，机器将会取代过去两百年来很多知识和技术。所以未来要求各国各地区各个家庭高度关注未来孩子的教育。

多位专家表示，未来的人工智能，不仅将大量取代工厂流水线工

人，以及消防员、安保等危险工作，还将对一些专业化工作产生冲击，如新闻、翻译等，这就意味着，未来的人类必须拥有深度和持续学习的能力。仅靠记忆、机械模仿、单一答案的教育方式将被淘汰。

我国《教育信息化十年发展规划（2011—2020年）》也提出，以教育信息化带动教育现代化，破解制约我国教育发展的难题，促进教育的创新与变革，是加快从教育大国向教育强国迈进的重大战略抉择。

国家教育大数据应用技术国家工程实验室主任、华中师范大学校长杨宗凯等有关人士认为，未来教育中，应当让人工智能发挥三个方面的核心价值。

——精准化。基于大数据，通过对微观数据的搜集，可以进行宏观的科学决策。比如根据数据进行教育布局，学校设什么专业、设什么就业的方向，有了具体的数据分析作为支撑，可以避免一些“拍脑袋”决定。

——差异化。通过对学习过程的分析，对学生学习过程的数据采集、学习的反馈、数据的分析、成绩的分析，调整教学策略，优化教学过程。据了解，大数据应用技术国家工程实验室正在跟几家企业联合成立大数据应用云课堂，通过三个空间数据的融合构建智慧学习环境。一是教师、图书馆等物理空间的学生吃饭、上课等行为数据；二是学校课程资源空间的数据；三是社交空间的数据。

——个性化。通过把学生行为数据拿到数据库进行分析，根据数据调用不同分析工具和模型对数据进行分析，为学生提供不同的内容和学习策略，指导学生个性化学习。

此外，一些业内人士提出，当前人工智能教育火热，但是，“人工智能教育不同于娱乐游戏产品，无论应用还是市场开发，都必须充分尊重教育自身的规律。”杜兰说。

4. 中国传统课堂里的“人工智能助教”

“这真是一个很好的‘智能助教’，既能帮忙批改作业、做试卷分析等教学工作，还能丰富新的教学资源。”高一老师胡宏炜指着手中的平板电脑高兴地说，传统的课堂因为有了人工智能而变得更加智慧了。

在贵州省清镇市第一中学，胡宏炜正在给学生讲解几何学知识。教室里除了传统的讲桌、黑板外，还配备了包括电脑、投影仪、移动大屏幕等教育信息化硬件设施。

在他和学生们的手中，每人还拿着一台作业本大小的平板电脑，课堂上画图演示、提问、随堂测试等教学活动都能在这荧屏上完成，45 分钟的教学活动开展得高效而活泼。

课堂上，当胡宏炜用平板电脑发出“提问指令”时，学生手中的平板电脑屏幕上瞬间呈现出抢答器的画面，只见学生争分夺秒按下“抢答键”，课堂犹如激烈的竞赛现场。

而随堂练习时，平板电脑又变身“习题册”，学生们能在上面作答。随后，这本“习题册”可以立马自动批改给出评判，并分析教学成果，学生对知识的掌握情况一目了然。

据了解，课堂上这一套人工智能技术的运用，不仅扩展了原有教育部门信息化多媒体平台的功能，还打通了该平台相对独立封闭的应用模块，能系统性地对师生上课时的教学过程化数据实时采集并沉淀，从而提供个性化教学方案。

“有了人工智能，平板电脑更像个全能‘助教’，既能高效地代替老师做很多机械教学活动，还能帮助开展个性化教学。”胡宏炜说。

在胡宏炜看来，能实现智能化的教学，与中国多年来重视并大力推动教育信息化发展密切相关。

尤其是当前，中国基于大数据发展的新兴人工智能理念和技术在教育领域的实践，将为全国教育信息化发展带来新一轮的“智慧革命”。

创造这个“人工智能助手”的是中国一家名叫科大讯飞的语音及人工智能上市公司。目前，其掌握的智能语音及人工智能核心技术在全球处于领先水平。

科大讯飞教育事业群副总裁钟琨说，近年来，公司将人工智能与教育教学深度融合，积极推动教育变革。目前，公司基于人工智能开发的智慧校园、智慧课堂等系列智慧教育产品，已覆盖国内多个地区并扩展到新加坡等海外市场，服务师生超过8000万人。

“‘人工智能+教育’就是要对传统教育中存在的教学资源不均衡、课堂交互单一等诸多‘痛点’给予精准解决。”钟琨说，互联网迅速发展，人们拥有海量大数据，加上“深度学习”算法及云计算等强大运算能力，使人工智能迅速成长并与教育等社会各行业，推动着新兴产业发展和智能化变革。

目前正在贵州省贵阳市召开的2017中国国际大数据产业博览会上，面对大数据、人工智能等推动社会变革的浪潮正在席卷全球，也引发不少专家、学者的热议。

“大数据重塑了传统产业的结构和形态，催生了众多的新产业、新业态，推动了共享经济的蓬勃发展，也给我们的衣食住行带来根本改变。”参会的中国科学院院长白春礼说，在中国，围绕大数据进行创新创业为大数据发展提供了强劲动力，也将在全球大数据发展中发挥重要作用。

现场不少专家也认为，今后，人工智能将更充分释放和挖掘大数据的价值，并将推动新一轮的信息技术革命，成为经济结构转型的新支点。

为抢抓发展机遇，中国制定了《“互联网+”人工智能三年行动实施方案》。其中确提出：到2018年，中国人工智能总体技术和产业发展将与国际同步，应用及系统级技术实现局部领先，形成千亿级人工智能市场应用规模。

5. 人工智能或成教育提升突破口

在 AlphaGo 刚刚实现了人工智能在围棋上对人类的“碾压”后，围绕教育领域的人工智能发展正在为未来的教育模式提升开启一个突破口。

日前，国内首次高考版人机大战在北京结束，由国内中小学智能化教育企业学霸君自主研发的智能教育机器人 Aidam 与分为三组的 6 名高考状元同台 PK，而最终的比赛结果显示双方互有胜负。

据介绍，这次测试由智能教育机器人 Aidam，现场与 6 名曾经的高考状元同时解答 2017 年高考数学试题，完成包括客观题和主观题在内的整张试卷，并按照评分标准得出最终成绩。在录入完整的数学题目后，Aidam 仅仅在 10 分钟内就完成了所有的答题，而高考状元们花了 1 个小时完成。之后的阅卷结果显示，三组高考状元分别得分为 146 分，140 分，119 分，Aidam 得分为 134 分。

对于高考人机大战的结果，学霸君创始人、CEO 张凯磊表示，希望通过这样的比赛，让教育业了解到人工智能在教育领域的应用已经发展到了什么程度。“推进智能化教育，构建以学习者为中心的教学模式，能够改进传统教育的不足，弥补传统教育的短板。”张凯磊说，人工智能与教育的融合，越来越创造性地突破教育外延，突破了时间和空间限制，促使线上、线下融合加深，让优质教育资源得以科学配置与整合，能帮助教育降低使用门槛，提升师生的使用意愿，直接带来效率的提高。

据介绍，Aidam 和 AlphaGo 一样，并非实体，而是以深度学习、专家系统和自然语言理解为核心的复杂系统。这个系统的核心在于通过学习人类的编程逻辑，熟悉人类思考和学习的方式，进而掌握解题方法。

学霸君将所有学生的行为数据全部记到智能教育机器人系统里面，学生每天的作业经由数字化传输并在后台由机器批改。截至2017年5月，学霸君已有超7000万用户，累计解决近100亿道问题，答疑命中率93％。同时，智能教育机器人通过所收集的海量大数据，在系统不断地自我深度学习中，理解一道题目是如何通过人类思维一步一步推理出来，分析出学生的答题思路、做题心理、结果与问题点等，从而实现智能教育机器人的类人思维，并通过智能系统为使用者提供个性化的学习解决方案，用更少量的题目得到更高效的学习结果。据了解，学霸君已经开始在安徽的50所学校里进行试点，今年会在大概1000个班级铺设完毕。

6. 又进步了！人工智能深度学习更像人类

美国科学家日前报告说，他们从人类大脑的学习方式中获得灵感，研发出一种新的“深度学习”算法，可以让机器像人类婴儿一样自主学习视觉世界。

在深度学习领域，科学家喜欢用“这是1，这是2”的方法来训练机器。这种被称为“监督学习”的技术，在训练时需要为机器提供成千上万标记好的样本，此前被认为是最有效的方法。

不过，人类并不是这样学习。在大多数情况下，人类大脑的学习方式都是“无监督学习”。在日前于西班牙巴塞罗那举行的神经信息处理系统（NIPS）大会上，研究人员发表报告说，美国赖斯大学和贝勒医学院的神经科学和人工智能专家研发出一种“半监督学习”算法，这种机器学习方式与人类更为接近。

研究负责人安基特·帕特尔解释说，婴儿出生第一年，父母会告诉孩子这是水瓶、椅子、妈妈……，但事实上，婴儿并不能理解这些词语的意思。多数情况下，他们是通过与世界互动进行“无监督学习”的。

据介绍，研究人员首先仅向新研发出的“深度渲染混合模型”提供从0到9这10个数字的10个手写标准样本，然后再让模型去“自学”数千个样本数据，通过这种“半监督学习”算法让模型学习识别手写体数字。最终测试结果显示，在辨别手写数字方面，这种模型比此前几乎所有算法，即一开始就通过数千个正确样本训练机器“学习”每个数字的方法更为准确。

研究人员表示，这种“半监督学习”算法属于一种“卷积神经网络”。在这种从生物神经元中得到启发而设计出的多层人工神经元网络中，人工神经元（或称数据处理单元）分层排列。第一层扫描图像，并执行相对简单的任务，如搜索边缘和颜色的变化等。第二层负责检查从第一层输出的内容，并搜索更复杂的模式。从数学角度上说，这种在模式内寻找模式的嵌套方法被称为一种非线性过程。

研究人员指出，从本质上说，卷积神经网络是一个“非常简单的视觉皮层”。举例来说，如果给这个网络输入一个图像，那么它的每一层就会处理这个图像的一部分特征，而随着层级深入，对于图像的理解也就不断加深。到最后一层，这个网络就会获得关于这个图像相当深入且抽象的理解。事实上，现今几乎所有自动驾驶系统都配备了这种网络，因为卷积神经网络是迄今最好的视觉处理方法。

研究人员认为，他们研发出的这种人工神经网络还可以帮助神经科学家更好地了解人类大脑处理信息的方式，因为人类大脑的“算法”远远优于任何人类设计的神经网络。

7. 人工智能时代需要"游牧"的学生

一年前，谷歌公司开发的 AlphaGo 机器人战胜了人类的围棋高手。人工智能发展史上这标志性的一幕在许多领域都引发了震动，包括传统教育领域。

"人工智能时代到来的话，你们对于年轻人有什么建议?"对于这个问题，广东以色列理工学院院长李剑阁的回答是："我会对我的学生讲，你选择专业虽然需要慎重，但是你也要时刻准备改变你的专业。"

3 月 18 日，国务院发展研究中心主办的中国发展高层论坛专门设置了一个议题——"人工智能时代的教育挑战与创新"。

罗兰·贝格国际管理咨询公司首席执行官常博逸在论坛上感慨，今后的教育体系培养出的应该是"游牧者"，他们在不同的行业、不同的岗位之间自由地切换，而不是一辈子被锁定在某个行业、某个岗位上。

麦肯锡公司董事长鲍达民给年轻人的建议是："终身学习。"

麦肯锡在一份报告中称，到 2030 年，也就是十几年以后，45％的人类活动都可能被人工智能所代替，不是机械臂取代人力那么简单，甚至企业首席执行官的一些决策都可以被替代。

鲍达民说，人工智能在摧毁一些饭碗的同时，也会带来新的就业机会。对教育行业来说，挑战在于如何让受教育者做好准备，适应未来的世界。"我觉得关键就在于教育的周期要缩短，要尽快推陈出新"。

在加拿大的一个矿区，人工智能替代了以前 236 个工人的工作，并且将效率提高了 40％；在华尔街，由于来自机器的竞争，一家投资银行的交易员从顶峰时的600人减到只有2人；等到无人驾驶技术成熟，全球的专职汽车司机都可能面临失业……但鲍达民强调，这只是一个起点，各行各业都会受到影响。他认为，人工智能是技术发展的第二个潮流，人类现在拥有比以往更大的数据、更高的计算能力、更强的连接性。“如果说这本书是100章的，我们现在也就才翻到第一或者是第二章，很难预测未来人工智能会带来什么样的影响”。

鲍达民认为一系列的变化都对改造现有的教育体系提出了要求。他说，如果看一下纽约曼哈顿一个幼儿园的照片，和20年前的照片相比，实际上区别并不大。教育领域那么多年过去没有发生大的变化。我们需要进行反思。

现在，李剑阁计划在他领导的广东以色列理工学院里设置更多的选修课，减少必修课的比重。“因为我们感觉到在人工智能的发展当中，学科的交融和跨界的结合非常重要。”他说，现在所需要的是各种各样跨学科的人才，要鼓励学生跨学科，而不是局限于原来的专业设置。

“原来我认为远程教育不可能代替课堂教育，因为它没有互动。但是现在人工智能的出现，在线教育也可以互动，可以答疑。所以我觉得，人工智能的发展对现有的教育也会提出很大的挑战。”李剑阁说。

耶鲁大学校长苏必德不认为在线教育会代替那种坐在课堂中与师生共同学习的感受。不过他建议他的学生“学习如何学习”，而不只是学习知识。

“要想知道高等教育未来什么样子，这非常困难。”苏必德在接受中国青年报·中青在线记者采访时说，“我能告诉你的是，我们所提供的教育是为目前并不存在的工作机会和挑战而准备的。我们不知道为什么而教育，因此很重要的是我们塑造那些具有普遍技能的终身学习者。”

香港中文大学前校长刘遵义认为，人工智能对教育的影响之一是，每个人都能够请得起自己的“私人教师”。他说，孔子在2000多年前就提出了“因材施教”的理念。通过人工智能，可以更好地实现这一理念。从幼儿园直到研究生教育，能够在下棋的每一步都做出精准分析的人工智能，可以帮助发现每一个学生的个性化需求，然后为其量身定制教育。

对于机器人抢工作的问题，刘遵义并不太担心。他认为，这个问题哪怕存在，也是一个“过渡性”的问题。有一些工作比如刷马桶，是人类不愿意从事的，被机器所取代没什么不好。

“人工智能会让有的就业岗位变得无足轻重，甚至是被完全取消，但是人工智能也会带来新的需求，这也为我们带来了机遇。”苏必德说，我们现在开展教育的时候，其实不清楚以后的就业岗位在哪些领域。应该加强通识教育，让学生们面临新一轮生产力的解放时成为创新者。各个学科的学生都需要应对这样的变化。

“人们在转型的过程当中是比较困难的，主要是我们原来的教育和每个人的观念都比较习惯于一生从事一个职业。”李剑阁说，而现在每个人都要接受终身教育，不断地转型，不断地适应，“实际上我觉得如果我们换一个视角，这也是很有乐趣的事情。如果人一生当中可以从事很多很有意思的职业，应该看成是一种快乐，而不是一种痛苦”。

8. 人工智能在抢谁的饭碗?

当“阿尔法狗”在被认为不可能通过运算战胜人类的领域完胜之后，不仅给很多人带来了巨大的震撼和冲击，也掀起了一股人工智能研究的热潮。而随着近日无人超市的出现，引发了有关人类失业的讨论。随着人工智能的快速发展，未来什么样的工作最可能被人工智能所取代呢?

人工智能“抢饭碗”并非天方夜谭

其实只要用心观察，人工智能的应用已经到处都是，它可以画画、翻译、人脸识别，还能在互联网上搜答案，更能在仓库搬货、送快递到家。今年以来，BAT（百度、阿里、腾讯的简称）不惜重金在全球拼抢人才，全面布局人工智能，加快研发和应用落地。百度已将自身定位从互联网公司转变为人工智能公司。今年3月，马云宣布启动NASA计划后，“预算不设上限”在美国硅谷等地招募人工智能科学家。腾讯人工智能实验室也已搭建起了深圳、西雅图两大实验室架构。

随着各种新算法的不断演进，人工智能正在以加速度不断取得突破，当人工智能全面接管IT和互联网之后，对于现有职业和行业将产生巨大的冲击。牛津大学研究人员之前在美国和英国进行的研究显示：美国可能被机器人取代的职位比例为47%，英国为35%。对此，华创资本合伙人熊伟铭认为，现在是人工智能创新创业的好时机，全行业都在向人工智能转型。

畅销书《人类简史》的作者、以色列历史学家尤瓦尔·赫拉利认为，在将来的某一天，人工智能可能在绝大多数工作领域取代人类。虽然新的工作机会会随着人工智能的发展出现，但是传统由人类完成的工作则会减少。

创新工场董事长李开复新书《人工智能》也大胆预言："人工智能的社会意义将超越个人电脑、互联网、移动互联网等特定的信息技术，甚至极有可能在人类发展史上，成为下一次工业革命的核心驱动力。"

那么现在是否是普通人需要对人工智能喊停的时候呢？赫拉利对此表示了否定，他认为，人工智能的发展无法停止，并且它虽然带来了威胁，也同样带来发展。

进军翻译领域

近日，腾讯悄悄上线一款实时语音翻译 APP——翻译君，其是一款以人工智能内核驱动的翻译产品，常规功能包括翻译词句、生词本和拍照全篇翻译。这款语音翻译 APP 具备"同声传译"功能，对着屏幕说话，就可以同时进行翻译，边说边翻。其运用了语音识别＋ NMT（神经网络机器翻译）等技术，和外国友人聊天时，只要打开同声传译，就像身边带了一位随身翻译官。

记者通过体验发现，这款翻译软件还有很高的错误率，但随着人工智能技术的发展，人工智能翻译离广泛的使用似乎只有一步之遥。

2013 年以来，基于神经网络的机器翻译在速度和准确度方面将翻译水平提升到了新的台阶。机器翻译水平仍在不断地进化当中，谷歌 2016 年推出可商业部署的神经系统机器翻译，准确率达

86％。在2016年第三届世界互联网大会上，百度CEO李彦宏就明确表示，未来翻译这个职业将会被替代，接替者就是人工智能。

有专家推测，如果人工智能驱动的翻译准确率能达到93％，人们会在大多数的翻译场景下使用它而不再需要人工翻译。

不过，对于人工智能翻译技术业界不乏冷静声音。科大讯飞创始人刘庆峰认为，通过人工智能技术进行语音转写和翻译技术帮助同传提高工作效率、减少失误，形成人机耦合的同传新模式，并不是去替代同声传译。“我们的翻译机能够帮助人们在一些场景处理语言交流的问题，但距离会议同传以及高水平翻译所讲究的信、达、雅还存在很大的差距。”刘庆峰说。

人工智能加速落地应用

虽然人工智能翻译距离真正成熟落地还有一段时间，但如今人工智能技术已经不知不觉地渗入到人们的生活当中。近日，百度携手南航将人脸识别技术落地南阳姜营机场，这是国内启用的首个人脸识别智能化登机系统。

语音速录员也正面临“失业”。据了解，目前有的视频网站已经开始运用语音识别技术，把影音文件中的音频直接转换成了字幕，完全摒弃掉传统字幕后期的工作流程。

此外，据京东集团相关负责人介绍，从供应链、物流到消费终端，京东的人工智能技术应用已经渗透到各个环节之中。京东人工智能在自然语言识别、图像识别、智慧营销、智慧供应链、智慧物流、金融科技、云计算服务等诸多场景中都有很实际的应用。据京东数据研究院院长刘辉介绍，京东相关数据显示，目前售前咨询方面部分品类人工智能客服的客户满意度已经超过人工客服。

据悉，在研发领域，中国人工智能专利申请数量和质量进步明显。据今年的《乌镇指数：全球人工智能发展报告》显示，在全球人工智能专利数量方面，中国以15745个紧跟在美国26891个之后位列第二。虽然从总量上看中国低于美国，但增长率却遥遥领先。

第五章　人工智能＋金融创新

在“互联网＋”的助力下，如今金融创新正在以前所未有的速度改变世界的金融生态。同时不可否认，金融风险也在积聚。然而，在大多数业内人士看来，金融风险并非完全来自金融创新，相反，在金融科技时代绝大多数金融创新都是在化解风险，与此同时，人工智能等新技术在金融行业以及金融监管方面的应用，也在成为守卫金融稳定的新力量。

1．“人机大战”开启：金融市场准备好迎接AI时代了吗

近期机器人替换交易员现象的出现，令人工智能在金融市场受关注。

对于即将到来的人工智能时代，金融市场准备好了吗？

近日，一则消息轰动了市场。全球最大资产管理公司贝莱德集团宣布，将对其主动型基金业务进行重组，计划裁去一批主动型基金经理，并用量化投资策略取而代之。

泓信投资金融机构部的总经理侯贵程表示，作为人工智能在投资上的应用，量化投资已表现出颠覆潜质。人工智能相对于人类来

说有很多优势，除了超强的计算能力外，还可避免很多人性弱点，相对客观地做出决策。

尽管人工智能在量化投资中的运用还处于摸索阶段。不过，目前在公募市场，量化投资基金已超过 140 只，尤其是 2015 年股市出现大幅波动以来，量化投资基金规模快速扩张。

在渣打中国财富管理部董事总经理梁大伟看来，结合了人工智能和大数据的智能投顾是未来金融发展的大方向。大数据和人工智能进行的信息整合和分析，不仅所需时间较少，也更加精准，有助于构建表现更出色的投资组合。

“可以预见，人工智能在金融领域的广泛应用，将为量化投资带来新机遇。”侯贵程说。

事实上，近年来随着语言识别、图像识别、无人驾驶、机器人等人工智能技术进入人们视野，越来越多行业开始迎接机遇和挑战。

CFA 协会亚太区金融分析研究总监曹实指出，在超级计算机 Deep Blue（深蓝）及 AlphaGo 等人工智能产物相继诞生的今天，人工智能的威力比以往任何时候都真实。比如，富士康已开始在产品组装线引入机器人来取代人力，机器翻译及理财机器人亦日趋普及。

根据瑞银估计，人工智能对金融服务、医疗保健、制造、零售和交通等行业都将产生巨大影响。

瑞银判断，人工智能的广泛应用可能会威胁到亚洲一些就业岗位。中端技术类工作中预判性强和日常重复性的职位最可能受到影响。

瑞银财富管理投资总监办公室亚太区主管陈敏兰表示，为了更好迎接人工智能驱动型时代的到来，我们要善于发现潜在机会、挑战与发展模式，并深入了解其将带来的深远影响。

2. 人工智能等新技术密织金融安全网

在“互联网＋”的助力下，如今金融创新正在以前所未有的速度改变世界的金融生态。同时不可否认，金融风险也在积聚。

然而，在大多数业内人士看来，金融风险并非完全来自金融创新，相反，在金融科技时代绝大多数金融创新都是在化解风险，与此同时，人工智能等新技术在金融行业以及金融监管方面的应用，也在成为守卫金融稳定的新力量。

金融创新从未松开“安全带”

支付，是人们日常金融生活中最长见到的场景之一。随着金融行业的业务创新，如今支付形式正在变得越来越多样。但无论是用纸币支付，还是用银行卡，抑或是扫二维码，安全，都是金融创新中最核心的词汇。

掏出钱包，拿出一张银行卡，很多人可能都发现，如今的银行卡和几年前相比，从外形上看，已经变了一个样子，多出了一个IC 芯片，而那条黑色磁条已经不见了。这就是近年来，围绕持卡人资金安全而做出的一个技术创新。

卡明明就在自己口袋里，钱却没了，很多类似案件实际上就是银行卡被“克隆”。“克隆银行卡”案件曾一度呈高发趋势。

综合此前一些银行卡被盗刷案例，被复制盗刷的银行卡都是安全性不高的磁条卡，因此升级为安全性更强的 IC 卡势在必行。“在金融 IC 卡中，芯片自身信息不可复制并且能用自带的唯一性密钥对交易信息进行加密，并采用卡片和发卡银行系统互相认证的方式确保交易资金的安全，可谓重重保险。”华夏银行相关工作人员介绍说。

在今年的5月1日，根据中国人民银行的要求，商业银行已全面关闭芯片磁条复合卡的磁条交易，并要求各商业银行应采取换卡不换号、实时发卡等措施加快存量磁条卡更换为金融IC卡的进度。

银行卡的安全性在不断创新中得以强化。然而，在互联网时代的今天，基于互联网的各类支付手段也不断出现。那么如何能让各种线上支付更加安全，是金融行业面临的问题。

对此，今年3月，中国人民银行线上支付统一清算平台（以下称“网联平台”）启动试运营。此举被视为将在促进互联网支付市场的稳定和安全性方面发挥重要作用。

“支付是金融领域的第一道关卡，也是互联网金融的入口，记录了资金流向、用户金融行为，这些是打造金融消费闭环的关键所在。网联平台将对第三方支付机构形成统一的规则、提高市场效率、规范清算市场，平衡整个支付生态系统当中各方的利益及维护金融安全，帮助支付机构规避支付风险漏洞。”京东金融副总裁许凌表示。

而传统银行业在支付业务创新上，也主打了安全牌。以光大银行为例，据该行相关负责人介绍，“光大信用卡‘扫码支付’作为NFC云闪付业务的重要补充，云闪付的Token（令牌）技术也应用到‘扫码支付’。交易前可设置单笔限额、单日累计限额、免密单笔限额、免密单日累计限额。扫描二维码时可隐藏真实卡号信息，对卡号变异处理；大额交易可设置验密交易；交易完成后APP实时显示交易记录，全程为客户资金和信息安全保驾护航。用户信息在存储、处理、传输过程中的安全性大大提高。”

新技术应用 风控提质增效

不仅仅普通百姓有可能遭遇金融风险，机构也会。而对于金融机构而言，风控是金融的核心，也是金融的稳定器。如今，以大数据为代表的新技术在风控领域的应用则正在让金融的“稳定器”变得更加可靠。

“技术永远不会颠覆金融，金融的核心是风控，是风险定价，是资产管理。所以作为金融科技公司，要从技术的本身出发，沿着金融产业链的各个环节去提高金融风控能力，提高各种效率，降低成本。”腾讯金融合作与政策部高级总监李康宁在此前召开的2017金融科技与金融安全峰会上如是说。

随着中国消费不断升级和人们消费行为的转变，以消费金融与数字服务、第三方支付工具、网络信贷为代表的新金融服务早已成为中国新的蓝海市场。不仅传统商业银行正在逐步升级信贷转型、延伸应用场景，消费金融公司和基于电商衍生的互联网支付业务也都得到了迅猛发展，不断创新金融服务。

而在其日新月异的发展中，以大数据技术为代表的新技术对新型消费金融服务的渗透也越来越深入，不仅可以创新消费金融自身的运作方式，还能通过改造其风控系统和大数据模型来实现更精准的资产投放和更优质的用户体验，同时有效降低风险和运营成本，也间接影响消费者本身的支付及金融行为。

以京东金融为例，背靠电商平台的京东金融拥有跨越互联网、零售、金融等多行业属性的多重数据。面临这些海量数据，京东金融更需要创新的大数据应用技术来进一步挖掘客户需求，生成独特的风险控制系统，最终构建成新的资金链生态系统。对于京东金融而言，大数据及应用技术是其提升金融服务效率的有效手段，能够更好地量化风险、洞察用户需求，从而实现精准营销。同时，数据、用户和连接是京东金融的三大关键点，而风险管理、风险定价能力则是其战略第一位。

实际上，不光是京东金融，在整个银行体系、消费金融、互联网金融、汽车金融、保险等领域，风险管理都具有极其重要的战略意义，也是大数据应用的重要场景之一。随着网络欺诈和数据泄露的频繁发生，如何通过大数据技术的突破来有效防止网络欺诈、保护个人信息数据安全，是当今无论全球还是中国市场上都不可避免的行业性难题。

据益博睿2016年欺诈经济学报告显示，70%的中国企业认为需要防范网上交易欺诈。在这样的情况下，如果没有良好的风控体系、反欺诈平台或相关解决方案，将会造成大体量的企业和个人经济损失。

益博睿全球反欺诈和身份认证服务及运营副总裁Matt Lane表示，从全球趋势来看，未来欺诈问题还将持续扩大，这势必将给企业维持良好的客户体验造成极大的困扰，而解决这个难题则必须要依靠大数据、决策分析、技术创新、专业的理论与实践等方方面面的付出与结合。“随着新金融模式的不断创新，益博睿将更多利用大数据技术与分析应用能力，帮助企业减少经营的复杂性，从而提升其成本效益。”Matt Lane说。

智能化给监管开出“新药方”

此前不久的一起“老鼠仓”案件引起了全社会的广泛关注，而该案件之所以能够被监管部门发现，大数据技术功不可没。

据媒体报道，在捕捉“老鼠仓”案件违法线索上，证监会依托大数据监控技术对市场全覆盖扫描，对历史交易数据跟踪拟合、回溯重演，市场监察部门精准锁定可疑账户跟随资管产品先买先卖、同进同出的异常交易线索，为更细致甄别违法行为，提供了充足、有效的证据。

在日前召开的第五次全国金融工作会议上，会议围绕服务实体经济、防控金融风险、深化金融改革“三位一体”的金融工作主题做出重大部署。

其中，金融安全是此次会议的一大重点，根据中金公司对金融工作会议通稿中的词频统计，“风险”成为出现频率最高的关键词，在全文中被提及 31 次。会议强调，守住不发生系统性金融风险的底线。要把主动防范化解系统性金融风险放在更加重要的位置，科学防范，早识别、早预警、早发现、早处置，着力防范化解重点领域风险，着力完善金融安全防线和风险应急处置机制。

除了大数据外，人工智能也被一些业内人士视为未来监管的利器。

在日前举行的第四届金融科技外滩峰会上，央行金融研究所所长孙国峰表示，随着金融科技的快速发展，其对传统金融金融机构业务带来巨大冲击，其累积的风险将有可能是系统性的。而人工智能监管有可能会更好地识别与应对系统性金融风险。

在孙国锋看来，科技和监管的有机结合（RegTech）会涉及三个方面主体：一是监管机构，负责制定监管规则；二是金融机构，包括金融科技公司，行为需要符合监管合规要求；三是 RegTech 公司，可以为金融机构、金融科技公司满足监管合规的要求提供服务。具体可以应用大数据、云计算、人工智能、机器学习这些新兴技术。

他认为，人工智能有可能是 RegTech 发展的一个重要核心，运用人工智能进行监管，可以解决监管者的激励约束问题，避免由于缺乏必要的激励约束机制而导致的监管不力问题。人工智能的引入，可以使得监管具有更高水平的全局优化计算能力。在应对系统性金融风险方面，人工智能有独特的优势。

3. 人工智能助力金融服务升级

人工智能在资本领域掀起一阵数字浪潮。在数据庞大、需求庞大的金融业，人工智能开始发挥它的优势，通过金融科技推动该行业的发展。

与人工智能相融合，已经成为全球主要金融行业发展的新目标之一。黄金理财、证券投资服务商银科控股，作为纳斯达克上市公司，已经迈出了探索人工智能的重要步伐。银科控股相关负责人表示，银科将建立人工智能系统，将以数据库、客户、智能机器人、智能产品、投资顾问组成闭环。在这个人工智能闭环中，一方面，数据库通过算法系统处理实时监测分析客户的行为数据，通过智能机器人向客户反馈提示性消息。另一方面，数据库会根据市场实时变化情况，为投资者提供投资策略，以此为基础形成具有特色的产品。

红湾资本创始人斯蒂芬·伊巴拉奇、美国电气电子工程师协会计算机协会主席陈安迪日前作为专家代表与银科控股有限公司在上海签约，正式成为其技术顾问委员会专家委员。

据统计，中国在人工智能方面的研究成果总量居世界首位。斯蒂芬·伊巴拉奇预计，至2030年，人工智能将推动中国GDP增长26％，且中国有望成为人工智能最大受益者。

据斯蒂芬·伊巴拉奇介绍，金融服务方面的人工智能已经进入尝试阶段，智能投顾技术已就绪，这将会实现机器人自动核保和在金融及合规等领域的机器人流程自动化。斯蒂芬·伊巴拉奇以在线保险举例："在没有人工智能的情况下，可能需要数天、甚至数月来处理保险索赔。使用了人工智能以后，3秒就能实现接受索赔申请、参考政策、欺诈政策、支付等。”

此外，人工智能在金融领域的应用在不久的将来能达到基于客户行为和喜好的产品设计优化，为客户提供更加个性化、个体化的服务，同时提高个人与公司的收益。从长期发展来看，人工智能将能实现金融领域的预测分析与规范性分析，从在可保损失等领域预测什么时候将发生什么事，到在降低事故率或改善客户结果等领域积极地控制结果。

尽管智能投顾等人工智能技术将取代部分人工作业，但斯蒂芬·伊巴拉奇等专家表示，在短期内人工智能无法完全取代人类。就目前而言，人工智能会改变投顾的工作方式，且在相当长一段时间内协助投资机构和投资人进行决策，但数据收集等工作仍然依赖人工。在未来 3 到 5 年之内，信息化程度越高、受人工智能影响越大的行业，其职业被人工智能所取代的可能性越高，如广告业、金融服务业等。

4. 金融领域是人工智能应用最好的领域之一

创新工场董事长兼 CEO 李开复 11 月 30 日在金融客论坛上表示，人工智能最好的应用领域之一是金融领域，因为金融领域是唯一纯数字领域。

在传统领域里面数据做得最好的就是金融界。李开复指出：“一是在金融界里相对隔离得非常清晰。金融领域是不跟其他领域混在一起的，股票就是股票、保险就是保险、银行就是银行、账单就是账单，这些东西是能够用来计算的，且属于狭窄的领域。二是利用手中拥有的大数据量，可以获取更多的数据。三是金融是最无摩擦的领域，钱进钱出，这里没有生产、仓库和物流。”

谈及人工智能量化交易的具体应用时，李开复表示，我们有一套系统可以放到银行或保险公司里，把数据放进去立刻就能产生推测和价值。比如说，要做一位客户的资产配置，它会比一个客户经理判断得更精确；如果做一个风险的评估，它会做得更清楚；如果是要做一个推销，过去都是一个单子给了一批人，每个人不断打电话推销同一个产品，现在有了人工智能就能知道什么人想买什么样的产品。在所有的人工智能可以推荐、匹配及判断你的消费，且判断信用卡是否被盗，或者能够判断你的资产配置该怎么做时，就进入了我们的量化交易。

“这个量化交易不仅比速度，大部分看量化交易都是去这边买那边卖，每天挣一点小钱，但是加起来就因为交易量很大，挣的钱就更多了。”李开复说道，但是有了人工智能以后，它可以去计算哪些中

国股票搭配起来跟哪些欧洲、美国股票应该是可以对冲的，它

可以判断任何市场有任何不平衡的地方，它可以利用现在人民币换美金的交易障碍来做更好的对冲，或者它可以判断怎么样能够最优化你该买什么样的股票。

“过去两年其实我已经不做任何的个人投资了，我也不把钱交给个人了，而是把所有新生产出来的钱都交给机器处理，人已经不能再管理我的钱了，因为人打不过机器，这是非常明确的事情。”李开复说。

“人工智能当然不可能永远都是这么好的世界，但是因为现在中国的市场刚刚开放这一类的交易机会，打造这种新的对冲机会实在是太多了，即便现在可能有一些限制，但是我们不用靠量取胜、靠快取胜，完全可以靠智能取胜，因为人工智能算出来的交易，哪怕是当天或者隔一天的交易，都要比人算出来的更清晰。”李开复提醒道，所以相对来说，交易员以后就没有工作了，因为人是不可能打败技术的，高盛在过去的 5 年已经裁掉四分之三的交易员，可见任何人能够靠数字算出来的东西都没戏了，可见人工智能在金融界有多大的机会。

5. 人工智能成消费金融风控新“装备”

近年来，监管层对消费金融创新引导和支持不断增强。券商分析人士预计，随着消费金融行业利好频出，整个行业规模将快速增长，未来3年互联网消费金融交易规模将增长7倍。如何通过人工智能、大数据分析等先进科技强化风控能力，成为消费金融机构在行业中“突围”的关键所在。

坏账率高

专家指出，随着中国居民收入水平不断增长、80后、90后等消费人群崛起，我国消费金融领域潜力将不断释放。据艾瑞咨询数据，2015年我国互联网消费金融交易规模突破1000亿元，增速超过500%。随着加入者持续增加和模式不断创新，互联网消费金融行业或还将保持至少3至5年高速成长，到2019年交易规模将超过3万亿元，相较于2016年增长7倍。

从国际对比来看，2015年美国“消费信贷总额/消费支出总额”达29%，我国仅为14%。我国消费信贷总额有望从2015年的不到4万亿元，增长到2023年的16万亿元，复合增长率20%。以蚂蚁花呗为例，2016年使用花呗支付的笔数超过32亿笔，比上一年增长了344%。

券商分析人士认为，当前消费金融核心问题是坏账率高。据中国银监会统计，截至2016年9月末，行业资产总额1077.23亿元，贷款余额970.29亿元，平均不良率4.11%，贷款拨备率4.18%，因具有“无抵押、无担保”“小额分散”、面向中低收入者的展业特点，风险处于合理可控范围。

先进科技“武装”风控

不可否认的是，金融本质是风险管理，风控是所有金融业务核心。面对消费金融领域客户风险较高、客户信用信息不全、恶意欺诈或薅羊毛现象、客户违约成本低、债务收回成本较高等诸多新的挑战，消费金融必须利用大数据风控丰富传统风控的数据纬度，利用多维度数据、算法和模型来实现快速识别借款人风险。

业内人士坦言，在消费金融兴起的大潮中，无论是互联网系、电商系、银行系消费金融，都在积极布局大数据风控，而各家商业模式、资源优势不同，应用的状态和优势也各异。如蚂蚁金服旗下芝麻信用，利用梯度提升决策树、随机森林、神经网络、分群调整技术、增量学习技术等在内的机器学习算法，可以为缺少信贷记录的人群做出客观信用评价。京东金融则形成由多种大数据机器学习模型构成的弱分类组合预测模型，借助随机森林、lasso 回归等算法，参考数千个预测变量，借此评估用户的还款意愿和还款能力。

相比依托场景化信贷大型电商所布局的大数据风控，对于互联网消费金融公司，其大数据风控模式和能力则更加重要。以马上消费金融为例，他同时作为大数据公司和金融科技公司，在大数据模型打造、智能风险把控等金融科技领域的不断创新，可圈可点。具体来说，马上消费金融在运用传统客户身份识别手段的同时，增加活体识别、人脸比对等新兴技术手段，进一步增强客户身份识别精准度、有效防范控制第三方欺诈风险。在此基础上，马上消费金融以央行征信数据为基础，但又不局限于央行征信数据，充分挖掘并利用客户的其他信贷数据、消费数据、互联网痕迹数据等，生成高达几万个风险变量，并分别输入不同预测模型，如欺诈模型、身份验证模型、还款能力模型、还款意愿模型等，更为精准细致评估客户的信用风险和欺诈风险。

在构建模型过程中，马上消费金融引用先进机器学习人工智能技术，以科技手段武装风控能力，以此提高大数据风控实效。据银监会公开数据，目前消费金融行业不良率为4.11%，马上消费金融不良率仅有1.36%。

6. 中国人工智能理财规模将达到5.22万亿元

8月2日，国内银行业首家推出智能投顾产品的招商银行发布了最新成绩，从2016年12月上线至今，投资规模超过50亿元。宜信财富推出的智能投顾产品上线一年来，其在投资产月增长率达到33.6%，续投率52.2%，资金续投增长268%。

智能投顾，简单来说，就是利用人工智能，通过对投资者的风险评估，推荐合适的理财产品。与普通理财不一样，智能投顾更为追求资产配置。从去年开始，国内蚂蚁金服、宜信财富、京东智投、汇付天下等数十家财富管理机构均推出了智能投顾理财产品。

去年底，在南京某传媒公司工作的黄杨购买了一家财富管理公司的智能投顾产品，获得比较满意的8%左右收益。“我主要是看中这个产品里有海外资产，通过少量的钱就可以参与海外资产配置。以美股来说，自己开户炒的话，先不说耗费很多精力，也没那么大的资金量。”他说，在计算机系统给配置的资产包里面，有债券、股票、基金等多种产品，系统不定时地根据投资标的的业绩以及经济环境的变化，自动调整各类产品的权重比例，以达到最优的收益。更让他意外的是，资产包内的产品，会不定时分红。

像黄杨这样的尝鲜者并不少。2016年汇付天下推出了智能投顾产品，累计投资用户超过10万名，在年龄上以20岁－40岁为主，从风险偏好上来说，稳健型、保守型、平衡型占比超过八成。

招商银行南京分行财富管理部基金产品经理邬宇旸说，客户最大的感觉就是方便，划划手机就解决了。在产品推荐中，系统会综合投资期限和产品收益率两个维度，然后提供产品组合，兼顾现金类、固定收益类、权益类等。

事实上，对投资理财知识的渴求困扰着很多人尤其是中产群体。在新浪财经、智联招聘等机构日前联合发布的《2017新中产报告》中说，接受报告调查的净收入10万元至50万元、可投资资产20万元—500万元的新中产阶层，理财最需要的既不是原理性知识，也不是“告诉我什么时候买，什么时候卖”的功利性方法，而是家庭规划和趋势性解读，能够帮助自己对家庭的资产配置做出调整。宜信财富创始人唐宁认为，智能投顾服务的对象主要是中产阶层、大众富裕阶层。“这类群体难以在金融机构获得更专业的人工服务，而智能投顾则是用大数据、机器算法这样的方式，把金融与科技结合起来，创新解决这类人群的资产配置需求。”他说，机器人比人更高效。

在蚂蚁财富平台上，机器人安娜号称财富社区“一号女神”，每天回答网友的1000多个理财、经济等问题，满意率高达93%。蚂蚁财富人工智能负责人余鹏告诉记者，安娜“学习”了金融知识、经济报告、货币政策、社会事件等多个内容，通过算法推演出变化趋势和概率，然后形成建议反馈给理财用户。

随着互联网金融的兴起、发展，金融与科技的碰撞越来越深入。二者碰撞的结果，就是不断提高效率、降低成本，把以前传统金融不能做成的事情，通过创新的模式做成。7月25日，易观咨询发布了中国首份《人工智能理财市场专题分析》。该报告预测，到2020年，中国人工智能理财规模将达到5.22万亿元。

不过，市场虽然庞大，但国内发展智能投顾依然受到制约。邬宇旸告诉记者，纯粹依靠计算机系统进行产品配置存在一定的难度。“以美国为例，量化高频交易较为发达，可以选择的资产产品较多，同时能够将很多的产品变化规律变成程序，写入计算机系统。而在国内，资本市场还处于不断发展完善中，因此纯粹的智能投顾还不能够实现，尚存在人工的成分。”

除了市场产品不够丰富之外，投资者的观念是另一大制约因素。余鹏认为，国内的老百姓接受理财观念教育的时间短，甚至抱着买股票的心情去买基金，大家追涨杀跌，没有长期持有的概念。“就现阶段智能投顾来说，更侧重对用户的洞察，通过对客户进行分析和识别，在此基础上进行一些智能化的产品匹配。”

唐宁也认为，当前投资者的投资观念教育非常重要。“要把过去的短线投机转变成长期投资，把过去固收类投资的思维转化为权益类投资的思维，把过去单一机会的思维转化成资产配置的思维，我觉得还是非常大的挑战，而智能投顾则是普及资产配置理念的较好方式。”

近两年来，随着人工智能的飞速发展，人们对人工智能的应用产生了复杂的感情。那么，涉及钱袋子的事，交给机器人，靠谱吗？对此，余鹏认为，靠谱与否取决于三方面因素，即用户洞察能力、智能化匹配引擎、市场洞察能力。以蚂蚁金服为例，大数据可以勾勒出用户画像并通过算法完成智能化匹配，而市场洞察力则需要更多的金融机构来共同完成。目前已经有部分金融机构在蚂蚁财富上开设了财富号，使用千人千面的智能推荐，日均交易额涨幅达到243％，日均客单的涨幅也达到190％。

7. 人工智能引领互联网金融进阶下一程

余额宝、微信支付、P2P（网络借贷）理财、在线分期借款、手机上各大银行的应用软件……互联网金融距离中国百姓的生活越来越近。在乌镇举行的第三届世界互联网大会“互联网＋普惠金融”论坛上，业内专家认为，未来人工智能将是撬动互联网金融格局的颠覆性技术。

百度公司高级副总裁朱光表示，人工智能技术会为金融科技带来本质的变化。例如通过大数据风控，一个没有贷款记录的学生希望获得信贷，基于数据的收集处理、机器学习可以作为判断学生的信用等级和授信依据。

论坛上，“人工智能”成为热词屡次被提及。人工智能技术公司“第四范式”CEO 戴文渊表示，智能算法与金融行业结合的“火花”，在于可以大幅提升行业的分析与判断能力，从而优化金融资源配置。

“金融资产是相对稀缺的资源，长期以来人们习惯靠人力去分析和判断，数据量不够大，分析也不够准确。然而在互联网时代，数据量开始累积，分析也更加精准。”戴文渊说。

波士顿咨询公司董事总经理索普拉・特里帕蒂在论坛的主题演讲中提出，人工智能与金融业的结合是全球趋势。国际上已有创新企业专门为缺乏信用记录的人群提供信贷服务，申请信贷者如果同意向公司开放社交、支付等数据，就有希望获得贷款。

“技术的进步，可以让金融服务惠及更多人。”他说。

在中国，智能化已经成为互联网金融行业的潮流。目前，诸多企业已经开展尝试在业务中应用这项技术。蚂蚁金服 CEO 井贤栋表示，旗下的支付宝远程客服工作，95%已经由人工智能完成，最近3年都没有扩充过客服工作人员。

中国互联网金融协会于18日在上述论坛上发布的报告《2016中国互联网金融年报》认为，基于大数据的自动审批将成为互联网消费金融风控的主要手段。

互联网金融千人会秘书长、易选股金融智能证券董事长易欢欢表示，可以很明显地观察到，互联网金融与人工智能的结合正在从营销端进入产品端和风控端，逐渐深入金融业核心。

业内专家表示，不仅互联网金融需要人工智能，传统金融行业未来也会更加智能。中信银行信息技术管理部IT创新实验室处长助理姜鹏表示，金融、互联网、人工智能将加速融合，传统金融业迎来新的发展契机。

姜鹏介绍，中信银行已在客户数据认知、风控模型搭建、智能投资顾问方面应用了人工智能算法，目前正在研究区块链技术。作为一种分布数据存储模式，区块链能够推动解决数据流通中的效率和安全问题，有望为人工智能算法搭建大数据的“基础设施”。

互联网金融研究机构“零壹财经”CEO柏亮同时提醒，人工智能将是金融业发展的重要工具，能够改进金融模式、提高金融效率、降低运行成本，但不会改变金融本身的逻辑。因此，智能必须建立在符合行业规律、遵守相关法律的基础之上。

8. 人工智能将推动银行业的整体改变

“人工智能将推动银行业的整体改变。”清华大学国家金融研究院院长、IMF原副总裁朱民近日在参加由第一财经研究院、未来论坛、厦门国际银行联合主办的“未来金融创新峰会”时作上述判断。

朱民表示，过去几年，网络金融崛起非常迅速，产生了支付结算、信用转换、财富管理和普惠金融四种较大的金融信贷。网络金融提高了效益，更多地接近客户，降低了风险成本，提高了金融透明度，对整个银行业和金融业既是巨大的冲击，更是巨大的进步。“网络金融挑战了银行的客户管理渠道、成本、数据、业务流程，而最为关键和核心的，是它挑战了银行风险管理、信用分析和风险定价能力，因为它改变了风险定价的模式。网络银行现在风险管理的模式一个月迭代一百次，传统银行很难跟它匹敌。它影响了银行的成本收益、利润。”

朱民认为，人工智能从根本上改变了网络银行和传统银行竞争的问题。整个人工智能金融业趋于四大核心技术：大数据、云计算、人工智能和区块链。四种信息开始崛起：交易信息、身份特征信息和行为数据，这四种数据构成了未来金融业基础核心数据的金矿。“这四大技术将整体改变银行。”

朱民预测，未来银行最大的一个特点，就是不确定性、随机性。发展和竞争、合作和竞争相互并存。未来银行要构建四种基本能力：第一是以数字为主的洞察力，第二个是综合性的客户体验，第三个是完全数字化的市场营销，第四个是完全数字化的运营。统领、合作、共赢，这是未来银行、未来人工智能给银行提供的最为精彩和最为漂亮的地方。

峰会上还发布了第一财经研究院和埃森哲联合调研完成的——《未来银行创新报告 2017》。《报告》认为，金融科技主要给传统银行业务模式、风险控制、客户关系、科技能力提出重要挑战。而传统银行为了迎战，根据自身各自优势选择了电商平台、直销银行、互联网交易银行、综合金融服务模式、开放式金融平台等 5 大不同打法和路径迎战。

《报告》显示，分别有 85.71%受访者（银行互联网金融相关部门负责人）认为对产品和客户服务、销售渠道有很大影响，排名并列第一。其次影响较大的领域为 IT 系统及数字化（76.19%）。

第六章 人工智能＋家居生活

随着人工智能和“互联网＋”浪潮的兴起，“智慧家庭”产业日益升温，国内家电企业、网络通信企业、互联网厂商争相推出智慧家庭生态战略。与此同时，目前市场上仍缺乏“爆款”产品，互联互通等瓶颈依然阻碍着产业的落地和普及。

1.“智慧家庭”上演生态大战

随着人工智能和“互联网＋”浪潮的兴起，“智慧家庭”产业日益升温，国内家电企业、网络通信企业、互联网厂商争相推出智慧家庭生态战略。与此同时，目前市场上仍缺乏“爆款”产品，互联互通等瓶颈依然阻碍着产业的落地和普及。

智慧家庭近年来被视为有待挖掘的一大蓝海市场。中国电信近日发布的中国智慧家庭指数显示，全国智慧家庭指数达到 62.1，我国正步入智慧家庭快速发展期。

智慧家庭作为一个产业融合的概念，生态的打造尤为关键。在近日于上海举行的“华为全联接大会”上，华为宣布其智慧家庭生态正式成立，同时发布了华为智慧家庭解决方案以及众多生态伙伴的智能产品。

绿植盆栽会根据生长情况提醒用户为其浇水；灯光和音乐会基于家庭偏好和实时天气自动调节；空调会自发掌控室内温度和湿度；无论身处何地，主人通过手机就可调控家中的状态……在华为构建的智慧家庭生态中，这些智能生活场景正在变成现实。

除华为外，在智慧家庭领域，产业各界的领先厂商也都在推出各自的智慧家庭生态。这其中既有海尔、美的等传统家电企业，中国电信、中国联通等电信运营商，还有小米、京东、苏宁云商等互联网公司，从不同角度切入智慧家庭市场，谋求搭建以自身为主的智慧家庭生态体系。

在华为消费者业务集团战略市场总裁邵洋看来，传统家电企业进军智慧家庭面临四大障碍。首先，许多家电产品仍未实现联网功能；其次，为实现智能操控，各家产品都推出手机软件，但用户并不希望安装太多软件；再次，产品之间互不兼容，互联互通难以实现；最后，还要面临一些互联网企业的野蛮侵袭，一些互联网厂商以低价甚至亏损的方式抢占份额。

专家认为，智慧家庭最重要的是家庭硬件的智能化联动，并结合云平台、应用服务给用户带来良好的智慧体验。在这方面，企业单打独斗并不能满足用户全部智能化需求。智慧家庭市场的普及，需要产业界各方以开放心态来构建完整生态，使不同厂家的智能硬件设备通过有机连接实现互联互通，从而为用户提供更为完整和便捷的智能生活体验。

2. 布局无人驾驶技术　优步将组建 AI 研发中心

据外媒报道，美国打车服务平台优步 5 日宣布将购买美国人工智能公司 Geometric Intelligence，并将其作为优步人工智能研发中心的核心组成部分。此举显示出优步正进一步加强人工智能技术研发，帮助无人驾驶技术早日普及。

优步 5 日表示，将收购 Geometric Intelligence 公司以推动自动驾驶技术的发展，但未透露交易的具体数额。据悉，优步将通过收购获得 15 位专业的研究人员，帮助成立一个新的研究部门，即 Uber AI Labs 公司。

优步首席产品官杰夫．霍尔登在博客中说，考虑到人工智能的复杂性和不确定性，与现实的沟通是一种高级智能，比如确定一条最佳路线，并延伸至教会一部无人驾驶的机器自动和安全地出行。

有分析指出，优步目前正努力使自己成为一家效率更高的交通领域企业。设立人工智能研发中心则可以进一步帮助推广其无人驾驶业务。优步的无人驾驶业务今年已经在美国迈出第一步，布局自动驾驶技术有望在未来帮助优步降低产品成本。

Geometric Intelligence 总部设在美国纽约。这一初创企业一直在获得来自私人投资者的融资，并与纽约大学保持着紧密联系。Geometric Intelligence 的联合创始人加里．马库斯表示，该公司的过人之处在于运用了一种不同的方法来研究人工智能技术，这种方式的灵感来自于儿童大脑的发育，尤其是语言发展阶段。

目前，谷歌等许多科技公司纷纷加大人工智能技术的研发力度，对于所谓的“深度学习”技术投资颇多。这一技术包括将大量信息输入计算机“教会”机器识别特定信息等应用。

马库斯表示，这种方法具有局限性，只能解决一部分问题，而不允许机器模仿人们经常性的行为。马库斯认为，必须研发新一代的技术，目前已有技术是有发展潜力的，但要安全地应用于无人驾驶领域，则成功率过低。Geometric Intelligence 的想法是，机器也可以被教会规则，即使在不依赖预先输入信息的前提下也可以进行“学习”。

目前，配备自动驾驶技术的车辆一般还无法离开司机，但该技术发展的最终目标是不需要司机陪伴，这意味着大量的优步司机将面临失业风险。但霍尔登表示，从历史经验也可以看出，每当一种新技术令大量工作岗位流失的时候，新的岗位也在产生。马库斯表示，要想实现更安全的驾驶，工作岗位的流失可能将是一种副产品，但好处之一就是最终驾驶对人们来说将会安全许多。

马库斯甚至表示，未来人们可能会乘坐飞行的汽车去上班。这种方式将使人们从交通堵塞中获得解脱，这在并不太遥远的未来或许将成为现实。

3. 人工智能靠“直觉”战胜扑克职业选手

2017年新年开局，人工智能在与人类智慧对局上连下数城，先是升级版的“阿尔法围棋”接连击败中韩等国顶尖高手，近日又横空杀出名为“DeepStack”的人工智能新算法，在一对一无限注德州扑克中完美“碾压”人类智商。

来自加拿大阿尔伯塔大学和捷克两所高校的研究人员近日在阿奇夫论文预印本网站（arXiv）上提交论文，介绍其研发的新算法“DeepStack”首次在一对一无限注德州扑克中击败人类职业扑克玩家。

研究人员称，这种人工智能算法是一种可用于扑克等不完整信息博弈的通用算法。在与33位来自国际扑克联合会的职业扑克选手进行的4.4万手扑克比赛中，这种算法平均赢率超过450mbb/g。（mbb/g是衡量扑克玩家表现的指数，一般50mbb/g就被认为是较大的优势。）

德州扑克是人工智能的热门挑战领域。此前，被人工智能攻克的围棋是一种完全信息公开的博弈，玩家可以看到棋盘上的棋子，并预测落子可能性；而德州扑克玩家手中的底牌是其他玩家看不到的，是不完整信息博弈，要求更复杂的推理能力，对人工智能更具挑战。

一对一无限注德州扑克拥有超过10的160次方个决策点。研究人员称，“DeepStack”在处理扑克中的信息不对称性时用到了循环推理，并使用分解法将计算集中在相关决策上；它还运用深度学习技术从自我对战中自动学习了一种关于任意牌的“直觉”。

这一研究成果无疑抢了卡耐基梅隆大学研究人员的风头。他们也设计了一场类似于“阿尔法围棋”挑战李世石的“人机对战”，于当地时间 11 日在匹兹堡的赌场盛大启幕。卡耐基梅隆大学的人工智能系统“Libratus”将在 20 天的时间内与四位顶尖德州扑克选手玩 12 万手一对一不限注的德州扑克，奖金高达 20 万美元。据悉，“Libratus”与“DeepStack”采用了相似的计算方法。

不过，参与设计“Libratus”的卡耐基梅隆大学教授桑德霍尔姆在接受媒体采访时就持有异议，他认为“DeepStack”并未与最顶尖的人类选手比赛，所以暂时不能说是“超越”了人类。

4. 人工智能可帮电动车节能减排

如今电动车日益普及。美国研究人员设计了一个与著名的“阿尔法围棋”相同类别的人工智能系统，用于帮助电动车更好地管理能源和动力分配，从而实现节能减排的目的。

“机器学习中有一个类别叫增强学习，也是‘阿尔法围棋’使用的类别。‘阿尔法围棋’将增强学习应用在下围棋上，我们则将其应用在提高能效这个方面，”美国加利福尼亚大学河滨分校华裔科研人员祁学伟 11 日接受新华社记者采访时说。

祁学伟等人近日在美国《电气与电子工程师学会智能交通系统汇刊》等刊物上报告说，这套基于增强学习和演化算法研发的“能源管理系统”，目前主要应用于插电式混合动力电动汽车。

插电式混合动力电动汽车可加油也可用外接电源充电，其动力有油和电两个来源。但许多此类汽车转换两种模式的方法只是简单切换，比如在电池电量耗尽后，就将动力来源切换到燃油发动机。而运用新开发的这套系统，可根据实时交通状况、预计行驶路线等情况，智能化地控制油电输出比例，这比简单切换的效率更高，据测算可让能源使用效率提高三分之一。

研究人员说，随着电动车的普及，充电时间、路径和地点的选择将成为车主生活中的重要问题。这套新研制的智能系统未来还可为此提供更有效、优化的汽车能源管理方案。随着电动车数量和用户使用数据的增加，这套具有自我学习能力的系统还可以不断提升能源管理水平。

5. 人工智能推动“媒介生活”

不久前，中国记协发布的2016年《中国新闻事业发展报告》指出，“终端随人走、信息围人转”成为信息传播的新态势。在某种意义上，人们原来以新闻为核心的“媒体生活”，将全面进入以信息为导引的“媒介生活”。

有人读报、有人读屏，信息的载体虽然多样，但人们对信息的需求没有改变。更为重要的是，智能手机不再是单向度传播的信息载体，而是“个人移动终端”“人机互动的交互界面”乃至“身体的延伸”。以智能手机为代表的“媒介生活”，意味着手机等媒介开始进入人和人的关系、人与物的关系、人与社会的关系，并发挥中介作用。更进一步说，媒介之“介”，在于它允许多元主体的共存，在于它可以跨越旧有的藩篱，融合各种手段、激发人们生活与想象的诸多可能。

即将到来的科技革命，势必将“媒介生活”推向更加人性化的方向，以人工智能更好服务人类社会。比如依靠智能算法的信息精准推送技术，腾讯、阿里巴巴和今日头条三家互联网公司，都开展了“寻人”公益项目。从2012年底至2017年初，腾讯发布走失人口信息1444例，成功寻回437人；阿里巴巴协助公安部于2016年5月上线“团圆”系统，一年中发布失踪儿童信息1317条，帮助找回1274人；今日头条2016年2月启动“头条寻人”项目，不到一年半的时间里成功找到2500人，最快1分钟找到北京一位离家出走的女孩，找到的走失时间最长的一位已经离家57年。

不仅如此，人工智能在寻找失踪人口方面有望做得更好。百度宣布人脸识别技术已经达到99.7%的识别率，如果智能机器人通过海量数据库的深度学习，掌握了跨越年龄的人脸识别技术，比如根据一个失踪孩子3岁时的照片推算他成人后的样子，精准寻人无疑会更上层楼。而应用算法服务于社会服务和管理的又一个例子，是诸多互联网平台服务商正在开发应用的网络辟谣功能。例如，今日头条于2016年底上线了辟谣功能，腾讯网在2017年上线较真事实查证平台，微信也在2017年6月推出辟谣助手小程序，用户可以主动搜索查证，阅读或分享过的文章一旦被鉴定为谣言，也能及时收到提醒。经过一段时间的积极推进后，这些新应用有望对互联网空间的清朗化、信息筛选的高效化产生作用。

当然，“智能算法—精准推送”技术在中国刚刚起步，远没有达至成熟，因此在许多方面尚未尽如人意。比如路透新闻研究所联合牛津大学连续六年发布《数字新闻报告》，2017年发布的最新报告中，通过对36个国家和地区、7万名受众的调查分析，指出超过一半（54%）的受访者更喜欢通过算法来筛选故事，超出喜欢编辑或记者的比例（44%）。但据中国《新媒体发展趋势报告》，认为个性化推荐能完全满足需求的大陆用户只有15.2%，落差颇大。

这个夏天，百度的自动驾驶平台，阿里巴巴的天猫精灵X1，还有刚刚召开的“大数据与智媒体论坛”，使人工智能成为比酷暑更热的概念。毋庸置疑，“互联网的下半场”已经开始，媒介的智能化进入加速度阶段，人们进入“媒介生活”的步伐也将不断加快。无论存在多少的未知和不确定性，我们可以确定的是，“智能”将更智慧，价值将更人文。

6. 人工智能＋营销：充满想象力的用户体验

在众多领域展现出的广阔应用前景，令人工智能迅速成为时下最炙手可热的新技术。如果让营销和人工智能“相加”，会得出怎样充满想象力的结果？

位于上海青浦区国家会展中心的肯德基门店里，有一位特殊的“智能员工”。外表萌萌的度秘机器人，不仅可以帮助消费者顺利完成从点餐到支付的智能交互，还能以虚拟全息投影的方式化身大厨，为孩子们展示各种食物的烹制过程。

由肯德基和百度联手打造的这间智能概念店“KFC original＋”，成为人工智能技术在营销及商业场景应用的经典案例。

快餐业和互联网巨头不约而同地盯上人工智能，与这一新技术在中国市场展现出的发展前景密切相关。今年5月，国家发展改革委联合科技部、工业和信息化部、中央网信办制定并发布《“互联网＋”人工智能三年行动实施方案》，明确到2018年形成千亿级的人工智能市场应用规模。

在巨大的需求推动及密集出台的政策引导下，人工智能技术不仅迅速介入制造和消费相关行业，也开始逐渐渗透到连接上下游的营销环节。

近日在此间举行的第九届金投赏国际创意节上，“当营销遇上人工智能”成为热门话题之一。百度大客户部总经理曾华表示，伴随人工智能时代的来临，数字化营销对于投资者需求的迎合从之前的“被动捕捉”进入了“激发诱导”的新层级。

“人工智能＋营销，就是以场景融入占据客户心智，从而在客户心中种下‘品牌的种子’。”曾华说，人工智能将给营销领域带来营销主动化、目标精准化、品牌人格化、效果可量化等四大突破。

在对“人工智能＋营销”的探索中，AR（增强现实）营销被认为是非常有潜力的方向。百度深度学习实验室副总监吴中勤分析说，AR触发机制既可以通过实体，也可以通过商品、汽车、房屋、建筑等实现，跟VR（虚拟现实）结合的场景也会有更好的互动。

智慧的内容、动态且具互动性的场景、智能的媒介管理。“人工智能＋营销”正以其诱人的前景，吸引着越来越多的行业巨头进入这一领域。

今年早些时候，科大讯飞在其智能互动广告平台上推出了可与消费者“对话”的视频互动广告。未来，这一平台还将推出人脸互动、语音互动、场景化互动广告。科大讯飞云平台事业部负责人表示，人工智能的引入将改变数字营销现有的格局。

而在更多营销领域专业人士看来，人工智能与营销做“加法”，能为广告主和客户创造更大价值和更好体验。对于营销行业而言，这显然是不容错过的机会。

7. 人工智能如何过“语言关”?

丢一块石头到水里会发生什么？人工智能可以战胜围棋大师，却会被这样的简单问题难倒——对自然语言的处理仍是一个待解难题。

23日在北京召开的第二届语言与智能高峰论坛上，业界专家就人工智能如何突破自然语言处理展开研讨，同时向公众展示了语言智能领域的创新成果。

“自然语言处理是当前人工智能研究的核心问题。”中国计算机学会秘书长杜子德介绍，语言智能是人工智能“皇冠上的明珠”，如果语言智能实现突破，跟它同属认知智能的知识和推理就会得到长足发展，进而推动整个人工智能体系的进步。

“自然语言是不精确的，字面背后还有太多意思，这也是为什么自然语言处理如此困难的原因。”美国伊利诺伊大学芝加哥分校教授刘兵在论坛上说，自然语言处理若想突破，需要做出范式上的改变。

“图灵测试”被公认为测试计算机是否具有智能的实验，在这个实验中，人和计算机的问答就都是通过自然语言进行。中国工程院院士、北京大学教授高文在论坛报告中进一步提出，要将图灵测试的问题内容拓展到视觉内容交互问答，换言之，讨论如何定义和设计图灵视觉测试，以及在此基础上如何推进人工智能的演进。

此次论坛由中国计算机学会和中国中文信息学会共同主办。中国计算机学会中文信息技术专委会秘书长赵东岩说，论坛旨在达成三个目标：讨论自然语言处理的核心技术问题；推动产学研互动；增加语言智能研究领域的显示度，给学者、创新技术企业提供展示平台。

人工智能是新一轮科技革命和产业变革的核心驱动力之一。近年来，从智能家居、智能汽车到机器人保姆、能下围棋的AlphaGo，人工智能的潜力越来越为公众熟知。日前出台的中国首部国家级人工智能发展规划——《新一代人工智能发展规划》，更是将新一代人工智能发展提高到了国家战略层面。

8. 人工智能让交通系统更聪明安全

在人类社会系统中，作为“毛细血管”的交通是一套非常复杂的系统，包括交通工具、道路等基础设施、信号系统等。正在北京参加全球机器智能专业会议的专家指出，这些都是人工智能可着重发展的重要领域，人工智能正让交通系统更加聪明、安全。

在由全球人工智能产业信息服务平台“机器之心”举办的全球机器智能峰会上，美国英伟达人工智能城市首席技术官穆林德·纳法德认为，对于不同领域，人工智能的意义也不同。在交通工具方面，人工智能让自动驾驶成为可能；基础设施方面，人工智能有助实现预测性维护；信号系统的智能优化可让出行更加安全高效。

纳法德指出，2020 年，全球智能化的城市将会有 10 亿个摄像头运行，形成一个庞大的数据市场，为相关物联网设备提供深度学习机会，进而为交通运行和社会管理提供重要分析结果和实时判断，让整个系统得以高效和安全运行。

另据著名市场分析机构国际数据公司预测，到 2020 年，全世界将出现 500 亿台互联设备，而它们创造出的数据将会是现在的两倍，其中交通体系释放的数据占据不小比例。这将为许多企业利用人工智能技术提供机遇。

纳法德认为，利用人工智能对交通进行预测性维护潜力巨大。美国通用电气首席技术官韦斯利·向井在大会上发言时也强调了这类应用的重要性。他以美国铁路为例，通用电气开发的智能维护系统可代替铁路养护工人的工作，通过火车上的摄像头对铁轨的完好情况进行接近实时的监视，随后通过计算机视觉系统予以分析，及时发现铁轨上出现的问题。这节省了大量养护费用，同时提高了安全性。

他表示，“我们为每一辆火车建立模型，并不断更新这个模型”，系统可记录动力、车轮年限等，进行精准运行维护和故障预测，这可帮助铁路系统每年节省10％的燃油，减少10％至25％的故障，提升列车可用率。

第七章 人工智能的未来

人工智能诞生至今有60年了，但其与具体行业的应用才刚开始，应加大政策支持和引导，尤其是打造更多技术开源平台，培育更多智能产业生态，让人工智能更好地推动传统产业转型升级。同时，面对行业结构变革带来的失业，国家还应提前做好更多政策保障。

1. 人工智能：如何从虚胖变“死壮”

AlphaGo那5局棋下完近一年之后，“人工智能”一词首次被写入了我国政府工作报告：“全面实施战略性新兴产业发展规划，加快新材料、人工智能、集成电路、生物制药、第五代移动通信等技术研发和转化，做大做强产业集群。”

这一提法让中国工程院院士邓中翰代表非常激动。他表示，总体而言，我国在人工智能、集成电路领域与美国等发达国家存在差距。“政府工作报告将其列为重点发展的战略性新兴产业，可谓是一场及时雨。”

工业界表现抢眼，基础研究仍不足

年初，人工智能的国际顶级学术会议 AAAI 在美国洛杉矶召开。因为参会的中国学者众多，为避开鸡年春节，会议主办方特意将会期从 1 月底调整到了 2 月初。

此次大会收录的中国论文数量几乎与美国持平。《大西洋月刊》撰文称，中国在人工智能研究与应用领域正赶超美国。

不过，这并不意味着前途就一片大好。“衡量国家人工智能水平的高低，还是要看原创性和突破性的东西。”北京邮电大学人机交互与认知工程实验室主任刘伟告诉科技日报记者，研究不在多，而在“精”。他觉得，要做出那种“让大家‘哇！’一声”的东西。做不到这一点，谈世界领先，可能是一种“炒作”。

但在工业界，我国确实表现抢眼。人工智能从业者、第四范式 CEO 戴文渊常会面试在美国大公司做人工智能的技术人员。他发现，大多数人在思考的，都是他两三年前甚至更早时候就思考的问题。“未来出现的新情况、新问题，中国可能会在世界上最早碰到。”他认为，我国在人工智能工业界的领先地位，应该毋庸置疑。“人工智能进行深度学习依赖数据，而在中国，几乎每个人都在贡献数据。”

顶层设计能否助力中国弯道超车

到底怎样才能做大做强人工智能产业集群？

“我们对人工智能要有正确的期待。”刘伟说，“期待不能太低，不然政府资金和民间资本都对它不感兴趣；但也不能太高，一旦期待落空，人工智能的发展势头就会骤冷。”

对于其正在升温的发展势头，邓中翰认为，看起来人工智能很热，“其实只显露了冰山一角”。还有诸多潜能有待挖掘，也有诸多问题有待解决。

6日，和其他互联网“大佬”一样，全国人大代表雷军也提出了与人工智能相关的议案。他建议，要从国家层面进行人工智能发展的顶层设计与专项规划，加强人工智能基础理论研究和核心技术突破，加强人工智能科研人才、技术人才的培养与引进，积极建立人工智能产学研协同创新共同体，大力促进人工智能产业化的发展。

心心念念人工智能的全国政协委员李彦宏，想法与雷军类似。他建议制订人工智能相关的国家行动计划：大力推进“智能＋经济”的发展，从观念引导、制度创新、数据开放和专项支持等方面，为人工智能行业应用构建良好的政策环境。

“若能在战略层面制订系统的推进计划，会给我国带来实现弯道超车、提升综合国力和影响力的绝佳机会。”邓中翰同样提到了“计划”一词。他建议，国家能够在人工智能基础研究上增加投入，也希望能开放更多的数据，让人工智能可以进行深度学习，带动相关领域的发展。

曾在美国国家实验室工作过的邓中翰还指出，我国可以成立以人工智能技术为主攻方向、由科学家组成运营团队、具备一定规模的国家实验室。“通过跨学科、高强度的协作，实现人工智能技术的创新突破。”

2. 模拟人脑人眼 让人工智能更像“人”

人脑虽然在计算速度上不如电脑，但在理解能力、创造能力、性能功耗比等许多方面远超电脑。如何通过模拟人脑，开发出更强大的人工智能系统？这是世界科技前沿的一大研究方向。为了占得先机，上海正在围绕张江综合性国家科学中心建设，组织开展“类脑智能科技行动计划”，一批成果即将产业化。

“寒武纪”模拟人脑神经元

随着“阿尔法狗”（AlphaGo）完胜多位人类棋手，以深度学习为核心技术的人工智能在全球炙手可热。不过，“阿尔法狗”的身躯十分庞大，不但使用了约170个图形处理器和1200个中央处理器，还需要海量的机房设备、高昂的运维成本。这限制了人工智能在我们工作、生活中的推广应用。

能否开发出一款适合深度学习的深度神经元网络处理器，让智能机器的体积大幅缩小，性能不降反升？中科院计算技术研究所的陈云霁、陈天石兄弟给出了世界首创的解答。2016世界互联网大会上，中科院计算技术研究所发布了他俩领衔研发的“寒武纪1A”，这是世界上第一款模拟人脑神经元和突触的深度神经元网络处理器，性能非常强大，每秒可以处理160亿个神经元和超过2万亿个突触，但功耗只有市场上最先进智核芯片的1/10。之所以取名“寒武纪”，是因为生命演化史上有著名的“寒武纪大爆发”，陈氏兄弟希望这款处理器也具有引爆效应，开启人工智能时代。

建设具有全球影响力的科技创新中心，需要集聚各地一流人才和项目。在临港管委会的推动下，上海寒武纪信息科技有限公司已成立。公司总裁王在博士介绍，他们正在进行机房建设和人员引进。上海高校、科研院所、创新型企业集聚，给了寒武纪广阔的合作空间和产品应用市场。

目前，寒武纪公司在与多家企业洽谈合作，把“寒武纪 1A”用于智能手机、安防监控、可穿戴设备、无人机、智能驾驶等各类终端设备。

“仿生眼”具备人眼基本功能

如果把深度神经元网络处理器看作智能机器的大脑，那么机器人的视觉、听觉、语言等功能，也需要实现智能化。中科院上海微系统与信息技术所研究员、爱观视觉创始人张晓林带队发明的仿生眼，与“寒武纪 1A”一样，属于全球首创。张晓林兼有工科和医科专业背景，这让他想到了用机器模拟人眼及其相关的人脑结构。与摄像机相比，人眼有很多独特的本领：一是左右眼能自动调节，始终保持一定的位置关系，从而获取立体图像；二是防震，能够在颠簸等环境中获取稳定的图像；三是能对一个物体进行跟踪；四是随意切换对象，想看哪儿就看哪儿。

经过多年研发，仿生眼已在中科院上海微系统所的实验室诞生。它们都有会动的眼珠，左右眼协同工作，具备人眼的基本功能。记者看到，装有仿生眼的机器人能自行走出实验室，在走廊里避开各种障碍物后返回；识别出一张人脸后，眼珠能随着他的移动而转动，始终“盯牢”。

在此基础上，张晓林团队发明了“全自动 3D 摄像机”。据介绍，目前的3D视频拍摄需要两台摄像机，拍摄后要做大量后期处理，而拥有仿生眼的“全自动3D摄像机”能像人眼那样直接采集3D图像，而且拍摄中可随意变焦。这台机器还装有控制盒，模拟人的小脑和脑干功能。

“人脑的这些部位都参与视觉构建，所以我们要开发与之相仿的控制系统。”张晓林解释说。今后，这种系统可与模拟大脑的系统连在一起。

除了拍摄3D视频，仿生眼还有许多可大显身手的地方。它已安装在新松双臂机器人身上，将用于工业流水线，能准确地抓取物品。它还有望应用于汽车无人驾驶、无人机导航、虚拟现实（VR）和增强现实（AR）、体育赛事全自动跟拍等领域。

3. 是“哆啦A梦”还是“终结者”？
——如何认识人工智能的“双重人格”

喜欢看小品的人肯定对“喜剧皇后”蔡明的《机器人趣话》不陌生。节目中她扮演的名叫“菜花”的智能机器人时而能说会笑，把“主人”郭达逗得“团团转”，时而程序失控，毫无“套路”地又将主人打倒在地，让人啼笑皆非。

如今，面对AlphaGo多次战胜围棋高手、服务机器人“小胖”伤人等事件，人们不禁要问，昔日荧屏上“双重人格”的人工智能会否成为现实？未来，人工智能究竟是“哆啦A梦”还是“终结者”？

“玩转”生活的“亲密伴侣”

日前在贵州省贵阳市举办的2017中国国际大数据产业博览会上，记者看到，近6万平方米的展厅犹如“智能嘉年华”，包括BAT在内的近300家参展商带来的各类信息化、智能化设备“同台竞技”“各显神通”，让人目不暇接。

“你好！我是晓曼，很高兴认识你！”记者路过科大讯飞公司的展台时，一个白色的智能机器人竟主动打起“招呼”。除了回答问题外，“她”还唱歌、转圈，主动向人“示好”，甜美的声音和智能的对答让人倍感亲密。

“晓曼是一款陪护机器人，能与独居老人‘聊天’，陪儿童‘玩耍’。”该公司工作人员王竹梅告诉记者，“她”的智能表现是对语音识别、大数据以及基于“深度学习”的算法等人工智能技术的综合应用。

此外，当王竹梅对着话筒朗读一段文字时，一旁的屏幕上立马实时转写出对应的中文，让转瞬即逝的语音留下了痕迹。“这叫‘讯飞听见’，能‘听懂’中文，还能翻译成日、英、韩等语，转写准确率高达95%以上。”她说，出国带着它就像有个“随身翻译”陪着。

据了解，在此次数博会开幕式上，“讯飞听见”还给中国科学院院长白春礼担任“同声传译”。然而，这些只是人工智能具体应用一个缩影，当前包括快递分拣、高考改卷等更多工作，人工智能正“帮助人们更加便捷地生活”。

科大讯飞执行总裁胡郁说，近年来，正是有大数据、云计算等强大支撑，人工智能“成长”越来越快，并逐渐在各行业中具体应用，给全球传统产业、市场消费等带来了“智能化革命”。

届时，生活中将出现更多像“哆啦A梦”一样智能的“亲密伴侣”。

争抢“饭碗”的“智能杀手”

“人工智能似乎理想很丰满，现实很骨感。”参加数博会的360人工智能研究院副院长韩玉刚说，当前不少行业与人工智能结合，但真正把人工智能用起来且用好的却不多，这其中既有技术缺陷，也有法规的不完善。

韩玉刚举例说，之前在美国佛罗里达州的高速路上，一辆特斯拉Model S在自动驾驶模式下，撞上并钻入一辆18轮大拖车底，车主当场死亡。“这样的情况也许只是智能技术试验中的个案，但当无人驾驶一旦普及，灾难来临时，人没有方向盘该怎么办？”他带着疑虑说，无人驾驶如果撞上了人，法律又该如何给出事故责任判决呢？

中国电信股份有限公司北京研究院副总工程师杨明川说，对人工智能技术应用的通俗理解，就是让机器不停地学习人某个领域的大数据，然后代替人类在这个领域高效地完成工作，但机器学习后就能百分之百把工作做好吗？

“尽管 AlphaGo 战胜了李世石，但也输了一局。而如果这样的‘输’是体现在无人驾驶上，那后果不堪设想。”杨明川说，人工智能如在做手术时发生故障，瞬间就是冷血的“智能杀手”。

除了智能技术等缺陷可能导致“智能杀手”外，具体行业中的“机器换人”，也会让人工智能与人抢“饭碗”，也就是说今后很多行业和职业可能会消失，不少人可能失业。

数博会上，阿里巴巴集团董事局主席马云说，未来 30 年将被重新定义，一个突出表现就是“机器换人”将使很多行业“大洗牌”。“未来 30 年，全球失去就业的速度会比增长新就业的速度快，反过来将到 30 年以后。”他预测。

据《科学》杂志估计，到 2045 年，人工智能将代替人类 50％的工作岗位。而中国则是 77％。有人认为，这个时间节点还将大幅度提前。

应尽早给智能技术“立规矩”

“未来，人工智能会造成失业，但也会产生新业态，增加就业机会。”胡郁说，目前的人工智能还处于弱智能状态，虽然智能，但没有像人一样的智慧。想让人工智能更好地服务人类，比起完善技术，还应尽早给智能技术“立规矩”。

胡郁说，人工智能诞生至今有60年了，但其与具体行业的应用才刚开始，应加大政策支持和引导，尤其是打造更多技术开源平台，培育更多智能产业生态，让人工智能更好地推动传统产业转型升级。同时，面对行业结构变革带来的失业，国家还应提前做好更多政策保障。

“大数据就好比人工智能的‘燃料’，决定其奔跑速度。”韩玉刚说，但智能应用越多，数据安全风险也越大，要加紧立法给数据安全应用划定“红线”，保障大数据应用安全。

杨明川说，人工智能今后要像“人一样工作”必然涉及伦理、道德等问题，相关部门还应围绕这些社会问题提前展开调研，让今后这些有别于人类的“智能人”办事服务时也“有法可依”。

4. 李彦宏：人工智能使“唤醒万物”成为可能

创业者必须将自己的思维方式调转到“AI 频道”，才能拥抱时代变革

要么“Think AI”，要么 Say Goodbye。百度创始人、董事长兼首席执行官李彦宏在 2017 百度联盟峰会上表示，以人工智能为核心的“新一代技术革命”正在掀起，成为人类社会又一次全新变革与发展的开端，创业者必须将自己的思维方式调转到“AI 频道”，才能拥抱时代变革。

“互联网只是前菜，人工智能才是主菜”。在 2017 百度联盟峰会上，李彦宏提出了人工智能的划时代意义。他表示，在互联网出现之前，人与人可以交流，人与物却无法沟通，互联网时代到来后，提高了人与人的沟通效率，但人工智能时代却从根本上解决了人与万物交流的问题，使“唤醒万物”成为可能。

李彦宏说，移动互联网时代已经进入尾声，百度正在全力转型，将人工智能作为自己的核心战略。与此同时，Facebook、Google 等巨头也不约而同地提出“AI First”的战略转变。“当人工智能时代已经无可抵挡，所有人都必须‘Think AI’才能拥抱新的时代，不被时代浪潮所抛弃，找到自己迎接‘AI 红利’的正确方式。”李彦宏说。

峰会现场，百度展示了最近一年人工智能领域的突破进展：从抛弃遥控器“动口不动手”地看智能电视到“身无分文”即可刷脸购物支付；语音技术不再局限于手机使用而是拓展到日常家居，视

觉技术也终于从线上走向线下，人工智能正在以惊人的速度迅速席卷普通大众的生活。李彦宏说，对于百度来说“用科技让复杂的世界更简单”，不止于此，从让无人车“飞入寻常百姓家”的“阿波罗”计划到百度寻人帮助走失家庭快速团圆，都在印证着百度的新定位，也意味着属于人工智能的未来已经到来。

“未来已来，而你却不是未来的一部分，那会怎样?”面对创业者的典型焦虑，李彦宏分享了自己在AI时代下新的思维方式。

李彦宏说，手机还会长期存在，但移动互联网的机会已经不多了，后来者仅仅基于手机做一些“常规做法”已跟不上新的时代；From think mobile to think AI，思维方式截然不同；软硬结合，唤醒万物，PC和移动时代，互联网公司更注重软件，但在AI时代更需从技术和体验角度进行思考；数据秒杀算法，算法推动社会进步，AI时代，“干净”的数据越多，AI的深度学习能力就越强；用AI思维做互联网产品，就实现了降维攻击，比如与打字输入相比，语音输入就是降维打击。李彦宏表示，尽早转变思维方式，就能站在时代的最前列。

5. 马化腾：人工智能将成为未来业内的核心竞争力

腾讯控股有限公司主席兼首席执行官马化腾 22 日在港表示，人工智能近两年成为全球投资者关注的热点，吸引许多资金投入，腾讯也十分看重该领域的发展，预计人工智能将成为未来业内的核心竞争力。

马化腾当日在腾讯 2016 年业绩发布会上表示，目前公司整体技术人员都在不断积累人工智能领域的相关经验，该技术最终能否有效广泛应用，主要取决于数据及使用场景两个因素，而腾讯受惠于业务多元化，拥有众多合作伙伴及平台式服务，包括各式内容创作者及商家等，因此在数据及使用场景方面占据优势。

据悉，近日刚刚于日本落幕的第十届 UEC 杯计算机围棋大赛中，由腾讯人工智能实验室研发的人工智能程序“绝艺”夺冠。此次在“阿尔法围棋”没有参赛的情况下，“绝艺”成为围棋人工智能程序的胜者。

对此，马化腾表示，该比赛算是集团内部的测试应用，以进一步积累相关经验。他说，人工智能技术目前已应用在腾讯多个业务上，包括微信语音处理、优图的人脸识别及社交广告智能化等，未来还可应用在医疗及自动驾驶等领域，发展空间广阔。

马化腾还指出，手机游戏发展迅猛，腾讯将继续投入更多资源发展相关业务，并与优秀的游戏公司寻求合作。据公司年报显示，在 2016 年第四季度，智能手机游戏收入同比增长 51%至 107 亿元。

此外，腾讯控股总裁刘炽平表示，集团未来还将继续积极开拓线上及线下支付模式，2016 年集团网上支付平台用户量及每日交易笔数都超过 6 亿，是很大的进展。但他续指，支付为基础服务，腾讯不会将其视为利润来源。

据腾讯年报显示，该公司2016年盈利同比增长43%至410.95亿元，总收入同比增长48%至1519.38亿元。公司每股派息0.61港元。

6. 扎克伯格与马斯克就人工智能未来网上打嘴仗

人工智能是否将成为人类未来最大威胁？长期以来，全球科技领袖就这一问题的看法大体可分为截然相反的两派。近日，脸书公司首席执行官马克·扎克伯格与美国科技“狂人”埃隆·马斯克就在网上打起了嘴仗，让这一问题再度引发关注。

在本月15日举行的全美州长协会会议上，特斯拉和太空探索技术公司创始人马斯克再次警告说，人工智能将在未来威胁人类，呼吁政府尽快开始考虑这一技术的相关立法与管控。他说，“一旦开始警觉，人类将陷入极度恐惧。”

为应对人工智能可能带来的威胁，马斯克等人于2015年12月启动非营利性人工智能平台OpenAI。其使命是开放人工智能技术，开发和实践安全的通用人工智能。

对人工智能未来持悲观态度的并非马斯克一人。物理学家斯蒂芬·霍金、比尔·盖茨等都曾在不同场合表示，人工智能可能对人类带来威胁。

不过，扎克伯格却并不认同。针对“人工智能及其对未来世界影响持何种看法”，扎克伯格23日通过脸书直播说，那些反对（人工智能），并鼓吹（因人工智能而引发）“世界末日论调”的人“非常不负责任”，他自己完全不认同。

扎克伯格在自家后院烧烤架前的直播中表达了自己对人工智能未来的乐观态度，他认为人工智能将会让人类的生活变得更安全和美好。

就网友转发“扎克伯格认为马斯克对于人工智能的警告不负责任”的相关文章，马斯克25日在推特网站回复说：“我与马克讨论过这个，他对此（人工智能）认识有限。”

两个硅谷科技明星网络上打嘴仗，引发科技圈又一轮争论以及各国网友热议。在硅谷的科技大佬中，乐观派为数众多，甚至可能为数更多。

比如，前百度首席科学家吴恩达于25日在推特网站发声，支持扎克伯克反击恐惧人工智能的观点，随后在一场哈佛商业评论的活动中对观众阐述了自己的看法。

“作为一名熟悉人工智能的业内人士，我曾创建和输出大量人工智能产品，但我没有看到人工智能会超越人类智力的明确迹象，”这名人工智能专家说，“我认为，（人工智能将引发的）失业是个巨大问题，我希望人们聚焦于此，而不是被那些科幻小说式的元素分散了注意力。”

7. 马斯克：人工智能是社会最大危险

美国太空探索技术公司和特斯拉公司首席执行官埃隆·马斯克说，人工智能是人类文明面临的“最大危险”。

马斯克15日告诉美国各州官员，人工智能崛起产生的潜在危险应得到重视，他呼吁成立监管机构引导人工智能技术发展。

马斯克当天列举多项人工智能或将引发的最糟后果，例如人工智能技术将威胁所有人类工作，以及这项技术甚至可能引发战争，“它是人类文明面临的最大危险”。

他说，人工智能可以比人类更快、更高效的完成任务，更加危险的是，机器人能够“制造假新闻、假电子邮件账号和假信息，以及操纵信息，从而引发战争”。

马斯克去年在加利福尼亚州一次会议上警告，如果人类创造出“具有超级智慧的人工智能产品”，它的各方面能力远超人类，那么人类在强大的人工智能面前可能会沦为“家猫”。

马斯克今年3月宣布，成立一家名为“神经连接”（Neuralink）的公司。这家科技企业致力于连接人脑与电脑，提升人脑能力，确保人类有能力应对人工智能带来的威胁。

【自动驾驶将普及】

马斯克同样预测了汽车行业发展前景。

《美国新闻与世界报道》周刊16日援引马斯克的预测报道，10年后，美国制造的所有新车中，超过一半将为电动车，几乎所有车将是自动驾驶汽车。

马斯克预测，届时，一些旧车仍将在道路上行驶，美国所有汽车实现自动化将需要更长时间。

他预测，20 年后，美国道路上所有汽车都将是自动驾驶汽车，拥有一个方向盘“将如同拥有一匹马”。

马斯克提醒，当所有汽车变成“车轮上的笔记本电脑”，网络安全将成为重要关切。他说，如果黑客有能力指挥所有人的汽车前往同一地点，“那将成为特斯拉的末日”。

他说，为应对这些危险，驾驶员必须有能力在不受任何软件干扰的情况下驾驭汽车。

8. 霍金称人工智能或成人类最大灾难

核心提示：对于人工智能不受制约地发展，批评家霍金教授说，技术能够带来巨大的好处，比如消除疾病和贫困。但是，“也会带来危险，比如强大的自动武器或是少数人压迫多数人的新方法”。

英媒称，斯蒂芬·霍金教授说，人工智能的发明可能是人类历史上最大的灾难。他警告称，如果不加以恰当管理，会思考的机器可能终结人类文明。

据英国《每日电讯报》网站10月19日报道，这位英国物理学家说：“强大的人工智能的兴起，要么是人类最大的幸事，要么是最糟的噩运。我们不知道是哪一种。”

报道称，他是在剑桥大学新成立的一个研究中心开幕式上说出这番话的，该中心将致力于解决人工智能潜在的危险和难题。

对于人工智能不受制约地发展，批评家霍金教授说，技术能够带来巨大的好处，比如消除疾病和贫困。但是，“也会带来危险，比如强大的自动武器或是少数人压迫多数人的新方法”。

他说：“它将给我们的经济造成巨大干扰，未来人工智能可能开发出它自己的、与我们相违背的意愿。”

报道称，霍金发表此番言论的背景是人工智能以超出很多人料想的速度取得重大突破。谷歌的“深层思维”公司今年初战胜了围棋世界冠军。周三，微软公司说它实现了与人同等水平的语音识别技术。

【延伸阅读】美媒称中国在人工智能研究领域超美国

美媒称，越来越多的行业和决策者意识到机器学习的好处，中美两国已经在这项研究中处于领先位置，这些研究成果或将对人工智能的未来有重大意义。

据美国《华盛顿邮报》10 月 13 日报道，“深度学习”是机器学习即人工智能下的子概念，指的是以电脑运算进行模式识别和分析。例如，这种人工智能会提供 Google Now 那样的个性化数字帮助。

报道称，尽管美国是深度学习方面的早期领导者，但是中国每年在该学科上发表的论文已经超过了美国，而且增加的比例很高，这显示中国的研究重点已经发生了改变。同时，中国的研究质量也非常突出，这些论文在领域内非常有影响力。

与其他国家相比，美国及中国都非常关注深度学习研究。但是白宫认为，美国对基础研究的投入远远不够。

奥巴马政府近日公布的报告称：“目前的研发投入仅为能产生经济增长的最佳研发水平的四分之一到一半。”

报道称，美国政府努力在人工智能研究方面发挥重要作用，主要是因为在人工智能研究开发方面成为领导者更有利于美国建立安全使用人工智能规范。人工智能将带来几乎方方面面的改变，包括劳动力、环境、未来战争以及网络冲突，如果由中国等其他国家制定规范的话，美国就将处于劣势。

附录：

国务院发布《新一代人工智能发展规划》

国务院关于印发
新一代人工智能发展规划的通知

国发〔2017〕35号

各省、自治区、直辖市人民政府，国务院各部委、各直属机构：

现将《新一代人工智能发展规划》印发给你们，请认真贯彻执行。

国务院

2017年7月8日

（此件公开发布）

新一代人工智能发展规划

人工智能的迅速发展将深刻改变人类社会生活、改变世界。为抢抓人工智能发展的重大战略机遇，构筑我国人工智能发展的先发优势，加快建设创新型国家和世界科技强国，按照党中央、国务院部署要求，制定本规划。

一、战略态势

人工智能发展进入新阶段。经过60多年的演进，特别是在移动互联网、大数据、超级计算、传感网、脑科学等新理论新技术以及经济社会发展强烈需求的共同驱动下，人工智能加速发展，呈现出深度学习、跨界融合、人机协同、群智开放、自主操控等新特征。大数据驱动知识学习、跨媒体协同处理、人机协同增强智能、群体集成智能、自主智能系统成为人工智能的发展重点，受脑科学研究成果启发的类脑智能蓄势待发，芯片化硬件化平台化趋势更加明显，人工智能发展进入新阶段。当前，新一代人工智能相关学科发展、理论建模、技术创新、软硬件升级等整体推进，正在引发链式突破，推动经济社会各领域从数字化、网络化向智能化加速跃升。

人工智能成为国际竞争的新焦点。人工智能是引领未来的战略性技术，世界主要发达国家把发展人工智能作为提升国家竞争力、维护国家安全的重大战略，加紧出台规划和政策，围绕核心技术、顶尖人才、标准规范等强化部署，力图在新一轮国际科技竞争中掌握主导权。当前，我国国家安全和国际竞争形势更加复杂，必须放眼全球，把人工智能发展放在国家战略层面系统布局、主动谋划，牢牢把握人工智能发展新阶段国际竞争的战略主动，打造竞争新优势、开拓发展新空间，有效保障国家安全。

人工智能成为经济发展的新引擎。人工智能作为新一轮产业变革的核心驱动力，将进一步释放历次科技革命和产业变革积蓄的巨大能量，并创造新的强大引擎，重构生产、分配、交换、消费等经济活动各环节，形成从宏观到微观各领域的智能化新需求，催生新技术、新产品、新产业、新业态、新模式，引发经济结构重大变革，深刻改变人类生产生活方式和思维模式，实现社会生产力的整体跃升。我国经济发展进入新常态，深化供给侧结构性改革任务非常艰巨，必须加快人工智能深度应用，培育壮大人工智能产业，为我国经济发展注入新动能。

人工智能带来社会建设的新机遇。我国正处于全面建成小康社会的决胜阶段，人口老龄化、资源环境约束等挑战依然严峻，人工智能在教育、医疗、养老、环境保护、城市运行、司法服务等领域广泛应用，将极大提高公共服务精准化水平，全面提升人民生活品质。人工智能技术可准确感知、预测、预警基础设施和社会安全运行的重大态势，及时把握群体认知及心理变化，主动决策反应，将显著提高社会治理的能力和水平，对有效维护社会稳定具有不可替代的作用。

人工智能发展的不确定性带来新挑战。人工智能是影响面广的颠覆性技术，可能带来改变就业结构、冲击法律与社会伦理、侵犯个人隐私、挑战国际关系准则等问题，将对政府管理、经济安全和社会稳定乃至全球治理产生深远影响。在大力发展人工智能的同时，必须高度重视可能带来的安全风险挑战，加强前瞻预防与约束引导，最大限度降低风险，确保人工智能安全、可靠、可控发展。

我国发展人工智能具有良好基础。国家部署了智能制造等国家重点研发计划重点专项，印发实施了“互联网＋”人工智能三年行动实施方案，从科技研发、应用推广和产业发展等方面提出了一系列措施。经过多年的持续积累，我国在人工智能领域取得重要进展，国际科技论文发表量和发明专利授权量已居世界第二，部分领域核心关键技术实现重要突破。语音识别、视觉识别技术世界领先，自适应自主学习、直觉感知、综合推理、混合智能和群体智能等初步具备跨越发展的能力，中文信息处理、智能监控、生物特征识别、工业机器人、服务机器人、无人驾驶逐步进入实际应用，人工智能创新创业日益活跃，一批龙头骨干企业加速成长，在国际上获得广泛关注和认可。加速积累的技术能力与海量的数据资源、巨大的应用需求、开放的市场环境有机结合，形成了我国人工智能发展的独特优势。

同时，也要清醒地看到，我国人工智能整体发展水平与发达国家相比仍存在差距，缺少重大原创成果，在基础理论、核心算法以及关键设备、高端芯片、重大产品与系统、基础材料、元器件、软件与接口等方面差距较大；科研机构和企业尚未形成具有国际影响力的生态圈和产业链，缺乏系统的超前研发布局；人工智能尖端人才远远不能满足需求；适应人工智能发展的基础设施、政策法规、标准体系亟待完善。

面对新形势新需求，必须主动求变应变，牢牢把握人工智能发展的重大历史机遇，紧扣发展、研判大势、主动谋划、把握方向、抢占先机，引领世界人工智能发展新潮流，服务经济社会发展和支撑国家安全，带动国家竞争力整体跃升和跨越式发展。

二、总体要求

（一）指导思想

全面贯彻党的十八大和十八届三中、四中、五中、六中全会精神，深入学习贯彻习近平总书记系列重要讲话精神和治国理政新理念新思想新战略，按照“五位一体”总体布局和“四个全面”战略布局，认真落实党中央、国务院决策部署，深入实施创新驱动发展战略，以加快人工智能与经济、社会、国防深度融合为主线，以提升新一代人工智能科技创新能力为主攻方向，发展智能经济，建设智能社会，维护国家安全，构筑知识群、技术群、产业群互动融合和人才、制度、文化相互支撑的生态系统，前瞻应对风险挑战，推动以人类可持续发展为中心的智能化，全面提升社会生产力、综合国力和国家竞争力，为加快建设创新型国家和世界科技强国、实现“两个一百年”奋斗目标和中华民族伟大复兴中国梦提供强大支撑。

（二）基本原则

科技引领。把握世界人工智能发展趋势，突出研发部署前瞻性，在重点前沿领域探索布局、长期支持，力争在理论、方法、工具、系统等方面取得变革性、颠覆性突破，全面增强人工智能原始创新能力，加速构筑先发优势，实现高端引领发展。

系统布局。根据基础研究、技术研发、产业发展和行业应用的不同特点，制定有针对性的系统发展策略。充分发挥社会主义制度集中力量办大事的优势，推进项目、基地、人才统筹布局，已部署的重大项目与新任务有机衔接，当前急需与长远发展梯次接续，创新能力建设、体制机制改革和政策环境营造协同发力。

市场主导。遵循市场规律，坚持应用导向，突出企业在技术路线选择和行业产品标准制定中的主体作用，加快人工智能科技成果商业化应用，形成竞争优势。把握好政府和市场分工，更好发挥政府在规划引导、政策支持、安全防范、市场监管、环境营造、伦理法规制定等方面的重要作用。

开源开放。倡导开源共享理念，促进产学研用各创新主体共创共享。遵循经济建设和国防建设协调发展规律，促进军民科技成果双向转化应用、军民创新资源共建共享，形成全要素、多领域、高效益的军民深度融合发展新格局。积极参与人工智能全球研发和治理，在全球范围内优化配置创新资源。

（三）战略目标

分三步走：

第一步，到2020年人工智能总体技术和应用与世界先进水平同步，人工智能产业成为新的重要经济增长点，人工智能技术应用成为改善民生的新途径，有力支撑进入创新型国家行列和实现全面建成小康社会的奋斗目标。

——新一代人工智能理论和技术取得重要进展。大数据智能、跨媒体智能、群体智能、混合增强智能、自主智能系统等基础理论和核心技术实现重要进展，人工智能模型方法、核心器件、高端设备和基础软件等方面取得标志性成果。

——人工智能产业竞争力进入国际第一方阵。初步建成人工智能技术标准、服务体系和产业生态链，培育若干全球领先的人工智能骨干企业，人工智能核心产业规模超过1500亿元，带动相关产业规模超过1万亿元。

——人工智能发展环境进一步优化，在重点领域全面展开创新应用，聚集起一批高水平的人才队伍和创新团队，部分领域的人工智能伦理规范和政策法规初步建立。

第二步，到2025年人工智能基础理论实现重大突破，部分技术与应用达到世界领先水平，人工智能成为带动我国产业升级和经济转型的主要动力，智能社会建设取得积极进展。

——新一代人工智能理论与技术体系初步建立，具有自主学习能力的人工智能取得突破，在多领域取得引领性研究成果。

——人工智能产业进入全球价值链高端。新一代人工智能在智能制造、智能医疗、智慧城市、智能农业、国防建设等领域得到广泛应用，人工智能核心产业规模超过 4000 亿元，带动相关产业规模超过 5 万亿元。

——初步建立人工智能法律法规、伦理规范和政策体系，形成人工智能安全评估和管控能力。

第三步，到 2030 年人工智能理论、技术与应用总体达到世界领先水平，成为世界主要人工智能创新中心，智能经济、智能社会取得明显成效，为跻身创新型国家前列和经济强国奠定重要基础。

——形成较为成熟的新一代人工智能理论与技术体系。在类脑智能、自主智能、混合智能和群体智能等领域取得重大突破，在国际人工智能研究领域具有重要影响，占据人工智能科技制高点。

——人工智能产业竞争力达到国际领先水平。人工智能在生产生活、社会治理、国防建设各方面应用的广度深度极大拓展，形成涵盖核心技术、关键系统、支撑平台和智能应用的完备产业链和高端产业群，人工智能核心产业规模超过 1 万亿元，带动相关产业规模超过 10 万亿元。

——形成一批全球领先的人工智能科技创新和人才培养基地，建成更加完善的人工智能法律法规、伦理规范和政策体系。

（四）总体部署

发展人工智能是一项事关全局的复杂系统工程，要按照“构建一个体系、把握双重属性、坚持三位一体、强化四大支撑”进行布局，形成人工智能健康持续发展的战略路径。

构建开放协同的人工智能科技创新体系。针对原创性理论基础薄弱、重大产品和系统缺失等重点难点问题，建立新一代人工智能基础理论和关键共性技术体系，布局建设重大科技创新基地，壮大人工智能高端人才队伍，促进创新主体协同互动，形成人工智能持续创新能力。

把握人工智能技术属性和社会属性高度融合的特征。既要加大人工智能研发和应用力度，最大程度发挥人工智能潜力；又要预判人工智能的挑战，协调产业政策、创新政策与社会政策，实现激励发展与合理规制的协调，最大限度防范风险。

坚持人工智能研发攻关、产品应用和产业培育“三位一体”推进。适应人工智能发展特点和趋势，强化创新链和产业链深度融合、技术供给和市场需求互动演进，以技术突破推动领域应用和产业升级，以应用示范推动技术和系统优化。在当前大规模推动技术应用和产业发展的同时，加强面向中长期的研发布局和攻关，实现滚动发展和持续提升，确保理论上走在前面、技术上占领制高点、应用上安全可控。

全面支撑科技、经济、社会发展和国家安全。以人工智能技术突破带动国家创新能力全面提升，引领建设世界科技强国进程；通过壮大智能产业、培育智能经济，为我国未来十几年乃至几十年经济繁荣创造一个新的增长周期；以建设智能社会促进民生福祉改善，落实以人民为中心的发展思想；以人工智能提升国防实力，保障和维护国家安全。

三、重点任务

立足国家发展全局，准确把握全球人工智能发展态势，找准突破口和主攻方向，全面增强科技创新基础能力，全面拓展重点领域应用深度广度，全面提升经济社会发展和国防应用智能化水平。

（一）构建开放协同的人工智能科技创新体系

围绕增加人工智能创新的源头供给，从前沿基础理论、关键共性技术、基础平台、人才队伍等方面强化部署，促进开源共享，系统提升持续创新能力，确保我国人工智能科技水平跻身世界前列，为世界人工智能发展做出更多贡献。

1. 建立新一代人工智能基础理论体系

聚焦人工智能重大科学前沿问题，兼顾当前需求与长远发展，以突破人工智能应用基础理论瓶颈为重点，超前布局可能引发人工智能范式变革的基础研究，促进学科交叉融合，为人工智能持续发展与深度应用提供强大科学储备。

突破应用基础理论瓶颈。瞄准应用目标明确、有望引领人工智能技术升级的基础理论方向，加强大数据智能、跨媒体感知计算、人机混合智能、群体智能、自主协同与决策等基础理论研究。大数据智能理论重点突破无监督学习、综合深度推理等难点问题，建立数据驱动、以自然语言理解为核心的认知计算模型，形成从大数据到知识、从知识到决策的能力。跨媒体感知计算理论重点突破低成本低能耗智能感知、复杂场景主动感知、自然环境听觉与言语感知、多媒体自主学习等理论方法，实现超人感知和高动态、高维度、多模式分布式大场景感知。混合增强智能理论重点突破人机协同共融的情境理解与决策学习、直觉推理与因果模型、记忆与知识演化等理论，实现学习与思考接近或超过人类智能水平的混合增强智能。群体智能理论重点突破群体智能的组织、涌现、学习的理论与方法，建立可表达、可计算的群智激励算法和模型，形成基于互联网的群体智能理论体系。自主协同控制与优化决策理论重点突破面向自主无人系统的协同感知与交互、自主协同控制与优化决策、知识驱动的人机物三元协同与互操作等理论，形成自主智能无人系统创新性理论体系架构。

布局前沿基础理论研究。针对可能引发人工智能范式变革的方向，前瞻布局高级机器学习、类脑智能计算、量子智能计算等跨领域基础理论研究。高级机器学习理论重点突破自适应学习、自主学习等理论方法，实现具备高可解释性、强泛化能力的人工智能。类脑智能计算理论重点突破类脑的信息编码、处理、记忆、学习与推理理论，形成类脑复杂系统及类脑控制等理论与方法，建立大规模类脑智能计算的新模型和脑启发的认知计算模型。量子智能计算理论重点突破量子加速的机器学习方法，建立高性能计算与量子算法混合模型，形成高效精确自主的量子人工智能系统架构。

开展跨学科探索性研究。推动人工智能与神经科学、认知科学、量子科学、心理学、数学、经济学、社会学等相关基础学科的交叉融合，加强引领人工智能算法、模型发展的数学基础理论研究，重视人工智能法律伦理的基础理论问题研究，支持原创性强、非共识的探索性研究，鼓励科学家自由探索，勇于攻克人工智能前沿科学难题，提出更多原创理论，做出更多原创发现。

专栏1 基础理论

1. 大数据智能理论。研究数据驱动与知识引导相结合的人工智能新方法、以自然语言理解和图像图形为核心的认知计算理论和方法、综合深度推理与创意人工智能理论与方法、非完全信息下智能决策基础理论与框架、数据驱动的通用人工智能数学模型与理论等。

2. 跨媒体感知计算理论。研究超越人类视觉能力的感知获取、面向真实世界的主动视觉感知及计算、自然声学场景的听知觉感知及计算、自然交互环境的言语感知及计算、面向异步序列的类人感知及计算、面向媒体智能感知的自主学习、城市全维度智能感知推理引擎。

3. 混合增强智能理论。研究“人在回路”的混合增强智能、人机智能共生的行为增强与脑机协同、机器直觉推理与因果模型、联想记忆模型与知识演化方法、复杂数据和任务的混合增强智能学习方法、云机器人协同计算方法、真实世界环境下的情境理解及人机群组协同。

4. 群体智能理论。研究群体智能结构理论与组织方法、群体智能激励机制与涌现机理、群体智能学习理论与方法、群体智能通用计算范式与模型。

5. 自主协同控制与优化决策理论。研究面向自主无人系统的协同感知与交互，面向自主无人系统的协同控制与优化决策，知识驱动的人机物三元协同与互操作等理论。

6. 高级机器学习理论。研究统计学习基础理论、不确定性推理与决策、分布式学习与交互、隐私保护学习、小样本学习、深度强化学习、无监督学习、半监督学习、主动学习等学习理论和高效模型。

7. 类脑智能计算理论。研究类脑感知、类脑学习、类脑记忆机制与计算融合、类脑复杂系统、类脑控制等理论与方法。

8. 量子智能计算理论。探索脑认知的量子模式与内在机制，研究高效的量子智能模型和算法、高性能高比特的量子人工智能处理器、可与外界环境交互信息的实时量子人工智能系统等。

2. 建立新一代人工智能关键共性技术体系

围绕提升我国人工智能国际竞争力的迫切需求，新一代人工智能关键共性技术的研发部署要以算法为核心，以数据和硬件为基础，以提升感知识别、知识计算、认知推理、运动执行、人机交互能力为重点，形成开放兼容、稳定成熟的技术体系。

知识计算引擎与知识服务技术。重点突破知识加工、深度搜索和可视交互核心技术，实现对知识持续增量的自动获取，具备概念识别、实体发现、属性预测、知识演化建模和关系挖掘能力，形成涵盖数十亿实体规模的多源、多学科和多数据类型的跨媒体知识图谱。

跨媒体分析推理技术。重点突破跨媒体统一表征、关联理解与知识挖掘、知识图谱构建与学习、知识演化与推理、智能描述与生成等技术，实现跨媒体知识表征、分析、挖掘、推理、演化和利用，构建分析推理引擎。

群体智能关键技术。重点突破基于互联网的大众化协同、大规模协作的知识资源管理与开放式共享等技术，建立群智知识表示框架，实现基于群智感知的知识获取和开放动态环境下的群智融合与增强，支撑覆盖全国的千万级规模群体感知、协同与演化。

混合增强智能新架构与新技术。重点突破人机协同的感知与执行一体化模型、智能计算前移的新型传感器件、通用混合计算架构等核心技术，构建自主适应环境的混合增强智能系统、人机群组混合增强智能系统及支撑环境。

自主无人系统的智能技术。重点突破自主无人系统计算架构、复杂动态场景感知与理解、实时精准定位、面向复杂环境的适应性智能导航等共性技术，无人机自主控制以及汽车、船舶和轨道交通自动驾驶等智能技术，服务机器人、特种机器人等核心技术，支撑无人系统应用和产业发展。

虚拟现实智能建模技术。重点突破虚拟对象智能行为建模技术，提升虚拟现实中智能对象行为的社会性、多样性和交互逼真性，实现虚拟现实、增强现实等技术与人工智能的有机结合和高效互动。

智能计算芯片与系统。重点突破高能效、可重构类脑计算芯片和具有计算成像功能的类脑视觉传感器技术，研发具有自主学习能力的高效能类脑神经网络架构和硬件系统，实现具有多媒体感知信息理解和智能增长、常识推理能力的类脑智能系统。

自然语言处理技术。重点突破自然语言的语法逻辑、字符概念表征和深度语义分析的核心技术，推进人类与机器的有效沟通和自由交互，实现多风格多语言多领域的自然语言智能理解和自动生成。

专栏 2　关键共性技术
1. 知识计算引擎与知识服务技术。研究知识计算和可视交互引擎，研究创新设计、数字创意和以可视媒体为核心的商业智能等知识服务技术，开展大规模生物数据的知识发现。 2. 跨媒体分析推理技术。研究跨媒体统一表征、关联理解与知识挖掘、知识图谱构建与学习、知识演化与推理、智能描述与生成等技术，开发跨媒体分析推理引擎与验证系统。 3. 群体智能关键技术。开展群体智能的主动感知与发现、知识获取与生成、协同与共享、评估与演化、人机整合与增强、自我维持与安全交互等关键技术研究，构建群智空间的服务体系结构，研究移动群体智能的协同决策与控制技术。 4. 混合增强智能新架构和新技术。研究混合增强智能核心技术、认知计算框架，新型混合计算架构，人机共驾、在线智能学习技术，平行管理与控制的混合增强智能框架。 5. 自主无人系统的智能技术。研究无人机自主控制和汽车、船舶、轨道交通自动驾驶等智能技术，服务机器人、空间机器人、海洋机器人、极地机器人技术，无人车间/智能工厂智能技术，高端智能控制技术和自主无人操作系统。研究复杂环境下基于计算机视觉的定位、导航、识别等机器人及机械手臂自主控制技术。 6. 虚拟现实智能建模技术。研究虚拟对象智能行为的数学表达与建模方法，虚拟对象与虚拟环境和用户之间进行自然、持续、深入交互等问题，智能对象建模的技术与方法体系。 7. 智能计算芯片与系统。研发神经网络处理器以及高能效、可重构类脑计算芯片等，新型感知芯片与系统、智能计算体系结构与系统，人工智能操作系统。研究适合人工智能的混合计算架构等。 8. 自然语言处理技术。研究短文本的计算与分析技术，跨语言文本挖掘技术和面向机器认知智能的语义理解技术，多媒体信息理解的人机对话系统。

3. 统筹布局人工智能创新平台

建设布局人工智能创新平台，强化对人工智能研发应用的基础支撑。人工智能开源软硬件基础平台重点建设支持知识推理、概率统计、深度学习等人工智能范式的统一计算框架平台，形成促进人工智能软件、硬件和智能云之间相互协同的生态链。群体智能服务平台重点建设基于互联网大规模协作的知识资源管理与开放式共享工具，形成面向产学研用创新环节的群智众创平台和服务环境。混合增强智能支撑平台重点建设支持大规模训练的异构实时计算引擎和新型计算集群，为复杂智能计算提供服务化、系统化平台和解决方案。自主无人系统支撑平台重点建设面向自主无人系统复杂环境下环境感知、自主协同控制、智能决策等人工智能共性核心技术的支撑系统，形成开放式、模块化、可重构的自主无人系统开发与试验环境。人工智能基础数据与安全检测平台重点建设面向人工智能的公共数据资源库、标准测试数据集、云服务平台等，形成人工智能算法与平台安全性测试评估的方法、技术、规范和工具集。促进各类通用软件和技术平台的开源开放。各类平台要按照军民深度融合的要求和相关规定，推进军民共享共用。

专栏 3　基础支撑平台
1. 人工智能开源软硬件基础平台。建立大数据人工智能开源软件基础平台、终端与云端协同的人工智能云服务平台、新型多元智能传感器件与集成平台、基于人工智能硬件的新产品设计平台、未来网络中的大数据智能化服务平台等。 2. 群体智能服务平台。建立群智众创计算支撑平台、科技众创服务系统、群智软件开发与验证自动化系统、群智软件学习与创新系统、开放环境的群智决策系统、群智共享经济服务系统。 3. 混合增强智能支撑平台。建立人工智能超级计算中心、大规模超级智能计算支撑环境、在线智能教育平台、"人在回路"驾驶脑、产业发展复杂性分析与风险评估的智能平台、支撑核电安全运营的智能保障平台、人机共驾技术研发与测试平台等。 4. 自主无人系统支撑平台。建立自主无人系统共性核心技术支撑平台，无人机自主控制以及汽车、船舶和轨道交通自动驾驶支撑平台，服务机器人、空间机器人、海洋机器人、极地机器人支撑平台，智能工厂与智能控制装备技术支撑平台等。 5. 人工智能基础数据与安全检测平台。建设面向人工智能的公共数据资源库、标准测试数据集、云服务平台，建立人工智能算法与平台安全性测试模型及评估模型，研发人工智能算法与平台安全性测评工具集。

4. 加快培养聚集人工智能高端人才

把高端人才队伍建设作为人工智能发展的重中之重，坚持培养和引进相结合，完善人工智能教育体系，加强人才储备和梯队建设，特别是加快引进全球顶尖人才和青年人才，形成我国人工智能人才高地。

培育高水平人工智能创新人才和团队。支持和培养具有发展潜力的人工智能领军人才，加强人工智能基础研究、应用研究、运行维护等方面专业技术人才培养。重视复合型人才培养，重点培养贯通人工智能理论、方法、技术、产品与应用等的纵向复合型人才，以及掌握“人工智能+”经济、社会、管理、标准、法律等的横向复合型人才。通过重大研发任务和基地平台建设，汇聚人工智能高端人才，在若干人工智能重点领域形成一批高水平创新团队。鼓励和引导国内创新人才、团队加强与全球顶尖人工智能研究机构合作互动。

加大高端人工智能人才引进力度。开辟专门渠道，实行特殊政策，实现人工智能高端人才精准引进。重点引进神经认知、机器学习、自动驾驶、智能机器人等国际顶尖科学家和高水平创新团队。鼓励采取项目合作、技术咨询等方式柔性引进人工智能人才。统筹利用“千人计划”等现有人才计划，加强人工智能领域优秀人才特别是优秀青年人才引进工作。完善企业人力资本成本核算相关政策，激励企业、科研机构引进人工智能人才。

建设人工智能学科。完善人工智能领域学科布局，设立人工智能专业，推动人工智能领域一级学科建设，尽快在试点院校建立人工智能学院，增加人工智能相关学科方向的博士、硕士招生名额。鼓励高校在原有基础上拓宽人工智能专业教育内容，形成“人工智能+X”复合专业培养新模式，重视人工智能与数学、计算机科学、物理学、生物学、心理学、社会学、法学等学科专业教育的交叉融合。加强产学研合作，鼓励高校、科研院所与企业等机构合作开展人工智能学科建设。

（二）培育高端高效的智能经济

加快培育具有重大引领带动作用的人工智能产业，促进人工智能与各产业领域深度融合，形成数据驱动、人机协同、跨界融合、共创分享的智能经济形态。数据和知识成为经济增长的第一要素，人机协同成为主流生产和服务方式，跨界融合成为重要经济模式，共创分享成为经济生态基本特征，个性化需求与定制成为消费新潮流，生产率大幅提升，引领产业向价值链高端迈进，有力支撑实体经济发展，全面提升经济发展质量和效益。

1. 大力发展人工智能新兴产业

加快人工智能关键技术转化应用，促进技术集成与商业模式创新，推动重点领域智能产品创新，积极培育人工智能新兴业态，布局产业链高端，打造具有国际竞争力的人工智能产业集群。

智能软硬件。开发面向人工智能的操作系统、数据库、中间件、开发工具等关键基础软件，突破图形处理器等核心硬件，研究图像识别、语音识别、机器翻译、智能交互、知识处理、控制决策等智能系统解决方案，培育壮大面向人工智能应用的基础软硬件产业。

智能机器人。攻克智能机器人核心零部件、专用传感器，完善智能机器人硬件接口标准、软件接口协议标准以及安全使用标准。研制智能工业机器人、智能服务机器人，实现大规模应用并进入国际市场。研制和推广空间机器人、海洋机器人、极地机器人等特种智能机器人。建立智能机器人标准体系和安全规则。

智能运载工具。发展自动驾驶汽车和轨道交通系统，加强车载感知、自动驾驶、车联网、物联网等技术集成和配套，开发交通智能感知系统，形成我国自主的自动驾驶平台技术体系和产品总成能力，探索自动驾驶汽车共享模式。发展消费类和商用类无人机、无人船，建立试验鉴定、测试、竞技等专业化服务体系，完善空域、水域管理措施。

虚拟现实与增强现实。突破高性能软件建模、内容拍摄生成、增强现实与人机交互、集成环境与工具等关键技术，研制虚拟显示器件、光学器件、高性能真三维显示器、开发引擎等产品，建立虚拟现实与增强现实的技术、产品、服务标准和评价体系，推动重点行业融合应用。

智能终端。加快智能终端核心技术和产品研发，发展新一代智能手机、车载智能终端等移动智能终端产品和设备，鼓励开发智能手表、智能耳机、智能眼镜等可穿戴终端产品，拓展产品形态和应用服务。

物联网基础器件。发展支撑新一代物联网的高灵敏度、高可靠性智能传感器件和芯片，攻克射频识别、近距离机器通信等物联网核心技术和低功耗处理器等关键器件。

2. 加快推进产业智能化升级

推动人工智能与各行业融合创新，在制造、农业、物流、金融、商务、家居等重点行业和领域开展人工智能应用试点示范，推动人工智能规模化应用，全面提升产业发展智能化水平。

智能制造。围绕制造强国重大需求，推进智能制造关键技术装备、核心支撑软件、工业互联网等系统集成应用，研发智能产品及智能互联产品、智能制造使能工具与系统、智能制造云服务平台，推广流程智能制造、离散智能制造、网络化协同制造、远程诊断与运维服务等新型制造模式，建立智能制造标准体系，推进制造全生命周期活动智能化。

智能农业。研制农业智能传感与控制系统、智能化农业装备、农机田间作业自主系统等。建立完善天空地一体化的智能农业信息遥感监测网络。建立典型农业大数据智能决策分析系统，开展智能农场、智能化植物工厂、智能牧场、智能渔场、智能果园、农产品加工智能车间、农产品绿色智能供应链等集成应用示范。

智能物流。加强智能化装卸搬运、分拣包装、加工配送等智能物流装备研发和推广应用，建设深度感知智能仓储系统，提升仓储运营管理水平和效率。完善智能物流公共信息平台和指挥系统、产品质量认证及追溯系统、智能配货调度体系等。

智能金融。建立金融大数据系统，提升金融多媒体数据处理与理解能力。创新智能金融产品和服务，发展金融新业态。鼓励金融行业应用智能客服、智能监控等技术和装备。建立金融风险智能预警与防控系统。

智能商务。鼓励跨媒体分析与推理、知识计算引擎与知识服务等新技术在商务领域应用，推广基于人工智能的新型商务服务与决策系统。建设涵盖地理位置、网络媒体和城市基础数据等跨媒体大数据平台，支撑企业开展智能商务。鼓励围绕个人需求、企业管理提供定制化商务智能决策服务。

智能家居。加强人工智能技术与家居建筑系统的融合应用，提升建筑设备及家居产品的智能化水平。研发适应不同应用场景的家庭互联互通协议、接口标准，提升家电、耐用品等家居产品感知和联通能力。支持智能家居企业创新服务模式，提供互联共享解决方案。

3. 大力发展智能企业

大规模推动企业智能化升级。支持和引导企业在设计、生产、管理、物流和营销等核心业务环节应用人工智能新技术，构建新型企业组织结构和运营方式，形成制造与服务、金融智能化融合的业态模式，发展个性化定制，扩大智能产品供给。鼓励大型互联网企业建设云制造平台和服务平台，面向制造企业在线提供关键工业软件和模型库，开展制造能力外包服务，推动中小企业智能化发展。

推广应用智能工厂。加强智能工厂关键技术和体系方法的应用示范，重点推广生产线重构与动态智能调度、生产装备智能物联与云化数据采集、多维人机物协同与互操作等技术，鼓励和引导企业建设工厂大数据系统、网络化分布式生产设施等，实现生产设备网络化、生产数据可视化、生产过程透明化、生产现场无人化，提升工厂运营管理智能化水平。

加快培育人工智能产业领军企业。在无人机、语音识别、图像识别等优势领域加快打造人工智能全球领军企业和品牌。在智能机器人、智能汽车、可穿戴设备、虚拟现实等新兴领域加快培育一批龙头企业。支持人工智能企业加强专利布局，牵头或参与国际标准制定。推动国内优势企业、行业组织、科研机构、高校等联合组建中国人工智能产业技术创新联盟。支持龙头骨干企业构建开源硬件工厂、开源软件平台，形成集聚各类资源的创新生态，促进人工智能中小微企业发展和各领域应用。支持各类机构和平台面向人工智能企业提供专业化服务。

4. 打造人工智能创新高地

结合各地区基础和优势，按人工智能应用领域分门别类进行相关产业布局。鼓励地方围绕人工智能产业链和创新链，集聚高端要素、高端企业、高端人才，打造人工智能产业集群和创新高地。

开展人工智能创新应用试点示范。在人工智能基础较好、发展潜力较大的地区，组织开展国家人工智能创新试验，探索体制机制、政策法规、人才培育等方面的重大改革，推动人工智能成果转化、重大产品集成创新和示范应用，形成可复制、可推广的经验，引领带动智能经济和智能社会发展。

建设国家人工智能产业园。依托国家自主创新示范区和国家高新技术产业开发区等创新载体，加强科技、人才、金融、政策等要素的优化配置和组合，加快培育建设人工智能产业创新集群。

建设国家人工智能众创基地。依托从事人工智能研究的高校、科研院所集中地区，搭建人工智能领域专业化创新平台等新型创业服务机构，建设一批低成本、便利化、全要素、开放式的人工智能众创空间，完善孵化服务体系，推进人工智能科技成果转移转化，支持人工智能创新创业。

（三）建设安全便捷的智能社会

围绕提高人民生活水平和质量的目标，加快人工智能深度应用，形成无时不有、无处不在的智能化环境，全社会的智能化水平大幅提升。越来越多的简单性、重复性、危险性任务由人工智能完成，个体创造力得到极大发挥，形成更多高质量和高舒适度的就业岗位；精准化智能服务更加丰富多样，人们能够最大限度享受高质量服务和便捷生活；社会治理智能化水平大幅提升，社会运行更加安全高效。

1. 发展便捷高效的智能服务

围绕教育、医疗、养老等迫切民生需求，加快人工智能创新应用，为公众提供个性化、多元化、高品质服务。

智能教育。利用智能技术加快推动人才培养模式、教学方法改革，构建包含智能学习、交互式学习的新型教育体系。开展智能校园建设，推动人工智能在教学、管理、资源建设等全流程应用。开发立体综合教学场、基于大数据智能的在线学习教育平台。开发智能教育助理，建立智能、快速、全面的教育分析系统。建立以学习者为中心的教育环境，提供精准推送的教育服务，实现日常教育和终身教育定制化。

智能医疗。推广应用人工智能治疗新模式新手段，建立快速精准的智能医疗体系。探索智慧医院建设，开发人机协同的手术机器人、智能诊疗助手，研发柔性可穿戴、生物兼容的生理监测系统，研发人机协同临床智能诊疗方案，实现智能影像识别、病理分型和智能多学科会诊。基于人工智能开展大规模基因组识别、蛋白组学、代谢组学等研究和新药研发，推进医药监管智能化。加强流行病智能监测和防控。

智能健康和养老。加强群体智能健康管理，突破健康大数据分析、物联网等关键技术，研发健康管理可穿戴设备和家庭智能健康检测监测设备，推动健康管理实现从点状监测向连续监测、从短流程管理向长流程管理转变。建设智能养老社区和机构，构建安全便捷的智能化养老基础设施体系。加强老年人产品智能化和智能产品适老化，开发视听辅助设备、物理辅助设备等智能家居养老设备，拓展老年人活动空间。开发面向老年人的移动社交和服务平台、情感陪护助手，提升老年人生活质量。

2. 推进社会治理智能化

围绕行政管理、司法管理、城市管理、环境保护等社会治理的热点难点问题，促进人工智能技术应用，推动社会治理现代化。

智能政务。开发适于政府服务与决策的人工智能平台，研制面向开放环境的决策引擎，在复杂社会问题研判、政策评估、风险预警、应急处置等重大战略决策方面推广应用。加强政务信息资源整合和公共需求精准预测，畅通政府与公众的交互渠道。

智慧法庭。建设集审判、人员、数据应用、司法公开和动态监控于一体的智慧法庭数据平台，促进人工智能在证据收集、案例分析、法律文件阅读与分析中的应用，实现法院审判体系和审判能力智能化。

智慧城市。构建城市智能化基础设施，发展智能建筑，推动地下管廊等市政基础设施智能化改造升级；建设城市大数据平台，构建多元异构数据融合的城市运行管理体系，实现对城市基础设施和城市绿地、湿地等重要生态要素的全面感知以及对城市复杂系统运行的深度认知；研发构建社区公共服务信息系统，促进社区服务系统与居民智能家庭系统协同；推进城市规划、建设、管理、运营全生命周期智能化。

智能交通。研究建立营运车辆自动驾驶与车路协同的技术体系。研发复杂场景下的多维交通信息综合大数据应用平台，实现智能化交通疏导和综合运行协调指挥，建成覆盖地面、轨道、低空和海上的智能交通监控、管理和服务系统。

智能环保。建立涵盖大气、水、土壤等环境领域的智能监控大数据平台体系，建成陆海统筹、天地一体、上下协同、信息共享的智能环境监测网络和服务平台。研发资源能源消耗、环境污染物排放智能预测模型方法和预警方案。加强京津冀、长江经济带等国家重大战略区域环境保护和突发环境事件智能防控体系建设。

3. 利用人工智能提升公共安全保障能力

促进人工智能在公共安全领域的深度应用，推动构建公共安全智能化监测预警与控制体系。围绕社会综合治理、新型犯罪侦查、反恐等迫切需求，研发集成多种探测传感技术、视频图像信息分析识别技术、生物特征识别技术的智能安防与警用产品，建立智能化监测平台。加强对重点公共区域安防设备的智能化改造升级，支持有条件的社区或城市开展基于人工智能的公共安防区域示范。强化人工智能对食品安全的保障，围绕食品分类、预警等级、食品安全隐患及评估等，建立智能化食品安全预警系统。加强人工智能对自然灾害的有效监测，围绕地震灾害、地质灾害、气象灾害、水旱灾害和海洋灾害等重大自然灾害，构建智能化监测预警与综合应对平台。

4. 促进社会交往共享互信

充分发挥人工智能技术在增强社会互动、促进可信交流中的作用。加强下一代社交网络研发，加快增强现实、虚拟现实等技术推广应用，促进虚拟环境和实体环境协同融合，满足个人感知、分析、判断与决策等实时信息需求，实现在工作、学习、生活、娱乐等不同场景下的流畅切换。针对改善人际沟通障碍的需求，开发具有情感交互功能、能准确理解人的需求的智能助理产品，实现情感交流和需求满足的良性循环。促进区块链技术与人工智能的融合，建立新型社会信用体系，最大限度降低人际交往成本和风险。

（四）加强人工智能领域军民融合

深入贯彻落实军民融合发展战略，推动形成全要素、多领域、高效益的人工智能军民融合格局。以军民共享共用为导向部署新一代人工智能基础理论和关键共性技术研发，建立科研院所、高校、企业和军工单位的常态化沟通协调机制。促进人工智能技术军民双向转化，强化新一代人工智能技术对指挥决策、军事推演、国防装备等的有力支撑，引导国防领域人工智能科技成果向民用领域转化应用。鼓励优势民口科研力量参与国防领域人工智能重大科技创新任务，推动各类人工智能技术快速嵌入国防创新领域。加强军民人工智能技术通用标准体系建设，推进科技创新平台基地的统筹布局和开放共享。

（五）构建泛在安全高效的智能化基础设施体系

大力推动智能化信息基础设施建设，提升传统基础设施的智能化水平，形成适应智能经济、智能社会和国防建设需要的基础设施体系。加快推动以信息传输为核心的数字化、网络化信息基础设施，向集融合感知、传输、存储、计算、处理于一体的智能化信息基础设施转变。优化升级网络基础设施，研发布局第五代移动通信（5G）系统，完善物联网基础设施，加快天地一体化信息网络建设，提高低时延、高通量的传输能力。统筹利用大数据基础设施，强化数据安全与隐私保护，为人工智能研发和广泛应用提供海量数据支撑。建设高效能计算基础设施，提升超级计算中心对人工智能应用的服务支撑能力。建设分布式高效能源互联网，形成支撑多能源协调互补、及时有效接入的新型能源网络，推广智能储能设施、智能用电设施，实现能源供需信息的实时匹配和智能化响应。

专栏4 智能化基础设施
1. 网络基础设施。加快布局实时协同人工智能的5G增强技术研发及应用，建设面向空间协同人工智能的高精度导航定位网络，加强智能感知物联网核心技术攻关和关键设施建设，发展支撑智能化的工业互联网、面向无人驾驶的车联网等，研究智能化网络安全架构。加快建设天地一体化信息网络，推进天基信息网、未来互联网、移动通信网的全面融合。 2. 大数据基础设施。依托国家数据共享交换平台、数据开放平台等公共基础设施，建设政府治理、公共服务、产业发展、技术研发等领域大数据基础信息数据库，支撑开展国家治理大数据应用。整合社会各类数据平台和数据中心资源，形成覆盖全国、布局合理、链接畅通的一体化服务能力。 3. 高效能计算基础设施。继续加强超级计算基础设施、分布式计算基础设施和云计算中心建设，构建可持续发展的高性能计算应用生态环境。推进下一代超级计算机研发应用。

（六）前瞻布局新一代人工智能重大科技项目

针对我国人工智能发展的迫切需求和薄弱环节，设立新一代人工智能重大科技项目。加强整体统筹，明确任务边界和研发重点，形成以新一代人工智能重大科技项目为核心、现有研发布局为支撑的“1+N”人工智能项目群。

“1”是指新一代人工智能重大科技项目，聚焦基础理论和关键共性技术的前瞻布局，包括研究大数据智能、跨媒体感知计算、混合增强智能、群体智能、自主协同控制与决策等理论，研究知识计算引擎与知识服务技术、跨媒体分析推理技术、群体智能关键技术、混合增强智能新架构与新技术、自主无人控制技术等，开源共享人工智能基础理论和共性技术。持续开展人工智能发展的预测和研判，加强人工智能对经济社会综合影响及对策研究。

“N”是指国家相关规划计划中部署的人工智能研发项目，重点是加强与新一代人工智能重大科技项目的衔接，协同推进人工智能的理论研究、技术突破和产品研发应用。加强与国家科技重大专项的衔接，在“核高基”（核心电子器件、高端通用芯片、基础软件）、集成电路装备等国家科技重大专项中支持人工智能软硬件发展。加强与其他“科技创新2030—重大项目”的相互支撑，加快脑科学与类脑计算、量子信息与量子计算、智能制造与机器人、大数据等研究，为人工智能重大技术突破提供支撑。国家重点研发计划继续推进高性能计算等重点专项实施，加大对人工智能相关技术研发和应用的支持；国家自然科学基金加强对人工智能前沿领域交叉学科研究和自由探索的支持。在深海空间站、健康保障等重大项目，以及智慧城市、智能农机装备等国家重点研发计划重点专项部署中，加强人工智能技术的应用示范。其他各类科技计划支持的人工智能相关基础理论和共性技术研究成果应开放共享。

创新新一代人工智能重大科技项目组织实施模式，坚持集中力量办大事、重点突破的原则，充分发挥市场机制作用，调动部门、地方、企业和社会各方面力量共同推进实施。明确管理责任，定期开展评估，加强动态调整，提高管理效率。

四、资源配置

充分利用已有资金、基地等存量资源，统筹配置国际国内创新资源，发挥好财政投入、政策激励的引导作用和市场配置资源的主导作用，撬动企业、社会加大投入，形成财政资金、金融资本、社会资本多方支持的新格局。

（一）建立财政引导、市场主导的资金支持机制统筹政府和市场多渠道资金投入，加大财政资金支持力度，盘活现有资源，对人工智能基础前沿研究、关键共性技术攻关、成果转移转化、基地平台建设、创新应用示范等提供支持。利用现有政府投资基金支持符合条件的人工智能项目，鼓励龙头骨干企业、产业创新联盟牵头成立市场化的人工智能发展基金。利用天使投资、风险投资、创业投资基金及资本市场融资等多种渠道，引导社会资本支持人工智能发展。积极运用政府和社会资本合作等模式，引导社会资本参与人工智能重大项目实施和科技成果转化应用。

（二）优化布局建设人工智能创新基地

按照国家级科技创新基地布局和框架，统筹推进人工智能领域建设若干国际领先的创新基地。引导现有与人工智能相关的国家重点实验室、企业国家重点实验室、国家工程实验室等基地，聚焦新一代人工智能的前沿方向开展研究。按规定程序，以企业为主体、产学研合作组建人工智能领域的相关技术和产业创新基地，发挥龙头骨干企业技术创新示范带动作用。发展人工智能领域的专业化众创空间，促进最新技术成果和资源、服务的精准对接。充分发挥各类创新基地聚集人才、资金等创新资源的作用，突破人工智能基础前沿理论和关键共性技术，开展应用示范。

（三）统筹国际国内创新资源

支持国内人工智能企业与国际人工智能领先高校、科研院所、团队合作。鼓励国内人工智能企业“走出去”，为有实力的人工智能企业开展海外并购、股权投资、创业投资和建立海外研发中心等提供便利和服务。鼓励国外人工智能企业、科研机构在华设立研发中心。依托“一带一路”战略，推动建设人工智能国际科技合作基地、联合研究中心等，加快人工智能技术在“一带一路”沿线国家推广应用。推动成立人工智能国际组织，共同制定相关国际标准。支持相关行业协会、联盟及服务机构搭建面向人工智能企业的全球化服务平台。

五、保障措施

围绕推动我国人工智能健康快速发展的现实要求，妥善应对人工智能可能带来的挑战，形成适应人工智能发展的制度安排，构建开放包容的国际化环境，夯实人工智能发展的社会基础。

（一）制定促进人工智能发展的法律法规和伦理规范

加强人工智能相关法律、伦理和社会问题研究，建立保障人工智能健康发展的法律法规和伦理道德框架。开展与人工智能应用相关的民事与刑事责任确认、隐私和产权保护、信息安全利用等法律问题研究，建立追溯和问责制度，明确人工智能法律主体以及相关权利、义务和责任等。重点围绕自动驾驶、服务机器人等应用基础较好的细分领域，加快研究制定相关安全管理法规，为新技术的快速应用奠定法律基础。开展人工智能行为科学和伦理等问题研究，建立伦理道德多层次判断结构及人机协作的伦理框架。制定人工智能产品研发设计人员的道德规范和行为守则，加强对人工智能潜在危害与收益的评估，构建人工智能复杂场景下突发事件的解决方案。积极参与人工智能全球治理，加强机器人异化和安全监管等人工智能重大国际共性问题研究，深化在人工智能法律法规、国际规则等方面的国际合作，共同应对全球性挑战。

（二）完善支持人工智能发展的重点政策

落实对人工智能中小企业和初创企业的财税优惠政策，通过高新技术企业税收优惠和研发费用加计扣除等政策支持人工智能企业发展。完善落实数据开放与保护相关政策，开展公共数据开放利用改革试点，支持公众和企业充分挖掘公共数据的商业价值，促进人工智能应用创新。研究完善适应人工智能的教育、医疗、保险、社会救助等政策体系，有效应对人工智能带来的社会问题。

（三）建立人工智能技术标准和知识产权体系

加强人工智能标准框架体系研究。坚持安全性、可用性、互操作性、可追溯性原则，逐步建立并完善人工智能基础共性、互联互通、行业应用、网络安全、隐私保护等技术标准。加快推动无人驾驶、服务机器人等细分应用领域的行业协会和联盟制定相关标准。鼓励人工智能企业参与或主导制定国际标准，以技术标准“走出去”带动人工智能产品和服务在海外推广应用。加强人工智能领域的知识产权保护，健全人工智能领域技术创新、专利保护与标准化互动支撑机制，促进人工智能创新成果的知识产权化。建立人工智能公共专利池，促进人工智能新技术的利用与扩散。

（四）建立人工智能安全监管和评估体系

加强人工智能对国家安全和保密领域影响的研究与评估，完善人、技、物、管配套的安全防护体系，构建人工智能安全监测预警机制。加强对人工智能技术发展的预测、研判和跟踪研究，坚持问题导向，准确把握技术和产业发展趋势。增强风险意识，重视风险评估和防控，强化前瞻预防和约束引导，近期重点关注对就业的影响，远期重点考虑对社会伦理的影响，确保把人工智能发展规制在安全可控范围内。建立健全公开透明的人工智能监管体系，实行设计问责和应用监督并重的双层监管结构，实现对人工智能算法设计、产品开发和成果应用等的全流程监管。促进人工智能行业和企业自律，切实加强管理，加大对数据滥用、侵犯个人隐私、违背道德伦理等行为的惩戒力度。加强人工智能网络安全技术研发，强化人工智能产品和系统网络安全防护。构建动态的人工智能研发应用评估评价机制，围绕人工智能设计、产品和系统的复杂性、风险性、不确定性、可解释性、潜在经济影响等问题，开发系统性的测试方法和指标体系，建设跨领域的人工智能测试平台，推动人工智能安全认证，评估人工智能产品和系统的关键性能。

（五）大力加强人工智能劳动力培训

加快研究人工智能带来的就业结构、就业方式转变以及新型职业和工作岗位的技能需求，建立适应智能经济和智能社会需要的终身学习和就业培训体系，支持高等院校、职业学校和社会化培训机构等开展人工智能技能培训，大幅提升就业人员专业技能，满足我国人工智能发展带来的高技能高质量就业岗位需要。鼓励企业和各类机构为员工提供人工智能技能培训。加强职工再就业培训和指导，确保从事简单重复性工作的劳动力和因人工智能失业的人员顺利转岗。

（六）广泛开展人工智能科普活动

支持开展形式多样的人工智能科普活动，鼓励广大科技工作者投身人工智能的科普与推广，全面提高全社会对人工智能的整体认知和应用水平。实施全民智能教育项目，在中小学阶段设置人工智能相关课程，逐步推广编程教育，鼓励社会力量参与寓教于乐的编程教学软件、游戏的开发和推广。建设和完善人工智能科普基础设施，充分发挥各类人工智能创新基地平台等的科普作用，鼓励人工智能企业、科研机构搭建开源平台，面向公众开放人工智能研发平台、生产设施或展馆等。支持开展人工智能竞赛，鼓励进行形式多样的人工智能科普创作。鼓励科学家参与人工智能科普。

六、组织实施

新一代人工智能发展规划是关系全局和长远的前瞻谋划。必须加强组织领导，健全机制，瞄准目标，紧盯任务，以钉钉子的精神切实抓好落实，一张蓝图干到底。

（一）组织领导

按照党中央、国务院统一部署，由国家科技体制改革和创新体系建设领导小组牵头统筹协调，审议重大任务、重大政策、重大问题和重点工作安排，推动人工智能相关法律法规建设，指导、协调和督促有关部门做好规划任务的部署实施。依托国家科技计划（专项、基金等）管理部际联席会议，科技部会同有关部门负责推进新一代人工智能重大科技项目实施，加强与其他计划任务的衔接协调。成立人工智能规划推进办公室，办公室设在科技部，具体负责推进规划实施。成立人工智能战略咨询委员会，研究人工智能前瞻性、战略性重大问题，对人工智能重大决策提供咨询评估。推进人工智能智库建设，支持各类智库开展人工智能重大问题研究，为人工智能发展提供强大智力支持。

（二）保障落实

加强规划任务分解，明确责任单位和进度安排，制定年度和阶段性实施计划。建立年度评估、中期评估等规划实施情况的监测评估机制。适应人工智能快速发展的特点，根据任务进展情况、阶段目标完成情况、技术发展新动向等，加强对规划和项目的动态调整。

（三）试点示范

对人工智能重大任务和重点政策措施，要制定具体方案，开展试点示范。加强对各部门、各地方试点示范的统筹指导，及时总结推广可复制的经验和做法。通过试点先行、示范引领，推进人工智能健康有序发展。

（四）舆论引导

充分利用各种传统媒体和新兴媒体，及时宣传人工智能新进展、新成效，让人工智能健康发展成为全社会共识，调动全社会参与支持人工智能发展的积极性。及时做好舆论引导，更好应对人工智能发展可能带来的社会、伦理和法律等挑战。

后 记

国务院近日印发《新一代人工智能发展规划》，提出了面向2030年中国新一代人工智能发展的指导思想、战略目标、重点任务和保障措施，部署构筑中国人工智能发展的先发优势，加快建设创新型国家和世界科技强国。《新一代人工智能发展规划》指出，要全面贯彻党的十八大以来的科技创新精神，深入学习贯彻习近平总书记系列重要讲话精神和治国理政新理念新思想新战略，坚持科技引领、系统布局、市场主导、开源开放等基本原则，以加快人工智能与经济、社会、国防深度融合为主线，以提升新一代人工智能科技创新能力为主攻方向，构建开放协同的人工智能科技创新体系，把握人工智能技术属性和社会属性高度融合的特征，坚持人工智能研发攻关、产品应用和产业培育“三位一体”推进，全面支撑科技、经济、社会发展和国家安全。

《新一代人工智能发展规划》系我国首部国家级人工智能发展规划，这标志着国家将新一代人工智能发展提高到了国家战略层面。如同工业时代的蒸汽机和信息时代的互联网，人工智能在“大智慧”时代扮演着越来越重要的角色。新一代人工智能技术的发展，正颠覆你我的生活，深刻改变世界。

基于此，本书在简述人工智能梗概的基础上，从人工智能与中国制造、人工智能与智慧医疗、人工智能与教育变革、人工智能与金融创新、人工智能与家居生活等多维度切入，描绘了人工智能发展的新蓝图，解读了其中蕴含的科技创新“因子”，希冀为广大普通读者和相关政府决策者勾勒出一幅“大智能”时代的人工智能图景。

本书是集体智慧的结晶，其中部分章节先后在新华社及其隶属的《瞭望东方周刊》《新华每日电讯》《经济参考报》《中国证券报》《上海证券报》《参考消息·北京参考》等公开报道和发表过，作者均为新华社记者，他们是陈芳、余晓洁、胡喆、李雁争、郭爽、张璇、商意盈、朱涵、周润健、骆飞、李亚红、黄堃、杨骏、彭茜、林小春、马丹、李鲲、毛振华、钟群、韩悠婧、任沁沁、王晓洁、李云路、房磊、彭卓、王莹、张家伟、龚雯、何欣荣、蒋洁琼、吴涛、魏董华、吴晓颖、梁天韵、孟盈如、哈昊天、桑彤、陈辰、王淑娟、苏楠、郭宇靖、关欣、高少华、潘清、董瑞丰、周文冲、魏晓慧等。对于他们的辛勤劳动和杰出贡献，在此一并致谢。

编者谨识

2017 年 11 月 7 日